U0170265

建筑工程施工安全
技术管理与事故预防

史向红　著

中国建材工业出版社

图书在版编目（CIP）数据

建筑工程施工安全技术管理与事故预防/史向红著
. --北京：中国建材工业出版社，2022.11
　　ISBN 978-7-5160-3560-3

　　Ⅰ.①建… Ⅱ.①史… Ⅲ.①建筑工程－工程施工－
安全技术②建筑工程－工程施工－工伤事故－预防（卫生
） Ⅳ.①TU714

中国版本图书馆 CIP 数据核字（2022）第 149776 号

建筑工程施工安全技术管理与事故预防
Jianzhu Gongcheng Shigong Anquan Jishu Guanli yu Shigu Yufang
史向红 著

出版发行：中国建材工业出版社
地　　址：北京市海淀区三里河路 11 号
邮　　编：100831
经　　销：全国各地新华书店
印　　刷：北京印刷集团有限责任公司
开　　本：710mm×1000mm　1/16
印　　张：7
字　　数：140 千字
版　　次：2022 年 11 月第 1 版
印　　次：2022 年 11 月第 1 次
定　　价：**59.00 元**

前　　言

有建筑物的地方，就存在施工安全的问题。建筑物的类型、建造水平不同，施工方式不尽相同。例如，传统的脚手架，由于一座建筑物建成或修缮完毕，即随之拆卸，因此历史上无脚手架保留的实物。宋代《营造法式》中称脚手架为"卓立搭架""缚棚阁"，清工部《工程做法》中称搭脚手架为"搭材作"，这是当时的一个专用名称。我国古代劳动人民用高超、智慧的建造和施工安全工艺创造了具有朝代特征的宏伟建筑。

脚手架是随着历史的发展而逐渐成熟的产物。当前建筑工程施工多具有施工场地狭小、露天、高处、交叉、临近洞口、机械设备多等特点，施工中涵盖了深基坑、脚手架、模架、施工用电、起重吊装等专业。造型越复杂，高度、跨度越大，施工难度就越大，这些情况更易发生群亡群伤的安全事故，因此做好建筑工程施工安全管理工作尤为重要。

本书提出了主要专项管理控制措施，即主要管理控制措施与技术控制措施，特别是对一些关键点、注意点等进行把控，力求克服安全管理中的薄弱环节，在事故发生前控制安全隐患。如起重吊装中，对塔式起重机的各机械部分安全保护装置量化的初步处置提出了办法，针对当前比较突出，并且控制不是很有力的有限空间作业、消防管理等问题以及操作人员由于"情绪"引发事故的原因等进行了分析，并提出了预防措施。此外，本书还强调在城市建设中要对扬尘进行有效治理。

本书主要以国家现行的有关建筑工程施工安全法律、法规、标准、规范，以及施工安全基本技术理论、技术积累等实践为基础，力求全面、突出重点。全书内容分为六章，分别是建筑工程施工安全技术管理与事故预防的新思考及新对策、建筑工程施工安全事故预防理论策略、建筑工程施工安全的主要专项管理控制措施、建筑工程施工安全事故案例、建筑工程施工扬尘治理、建筑工程施工安全文化和现场管理。

本书是本人实际工作中的感悟、思考和认识的总结，可供土木工程专业与民用建筑专业的理论研究参考及相关专业从业者、高校师生参考学习，若有不当之处敬请指正。

著　者
2022.1

目　录

第一章 建筑工程施工安全技术管理与事故预防的新思考及新对策

第一节 国内外建筑工程施工领域安全生产基本现状

随着我国国民经济的迅猛发展，建筑工程在规模与层次上达到新的高度，建筑工程施工安全技术管理与事故预防日益受到高度重视，这就对其现有水平提出了新的要求，要以新思考、新对策为抓手，扎实有序地做好建筑工程安全技术管理与事故预防，促进建筑工程施工的高质量发展。

（1）中国建筑工程施工安全生产现状。2010 年，中国建筑业总产值突破 10 万亿元，从业人员占全社会总人口的 2.985%，建筑业发展日新月异，有力地促进了国民经济的发展。建筑工程施工呈现出造型复杂、难度大，层数高、工序流程增多等特点，导致事故越来越频繁，死亡人数呈现上升的趋势。

据住房和城乡建设部网站消息，在 2017 年第一季度，全国共发生房屋市政工程生产安全事故 99 起，致 123 人死亡，同比 2016 年第一季度分别上升 20.7% 与 21.8%。其中，发生的较大事故 7 起，死亡 28 人。事故包括高处坠落 54 起，物体打击 13 起，起重伤害 12 起，坍塌 8 起，机械伤害、触电、车辆伤害、中毒等计 12 起；分别占事故总数的 54.55%、13.13%、12.12%、8.08%、12.12%，高处坠落占事故总数的 50% 以上。

从世界范围来看，建筑工程安全事故发生率一直高于其他行业。建筑工程安全事故造成的经济损失巨大。

（2）美国、英国、日本、加拿大等国建筑安全生产的基本情况。据建筑业数据分析：1999 年，美国从业人员约为 850 万人，占全美就业人员总数的 6.5%，1999 年度建筑业因工死亡总计 633 人，其中，管理人员、工人分别为 91 人、542 人；同时，比例分别为交通占 18.8%、攻击与暴力占 2.1%、物体打击占 13.0%、高处坠落占 40.0%、暴露于危险物质及环境占 21.0%、火灾及爆炸占 4.6%，其他占 0.5%。1974 年，英国从业人员约为 110 万人。由于其现有的法律、法规制度建设层面较完善，在 1974 年、1992 年、1996 年至 1999 年先后颁布了《劳动安全健康法》《工作安全与健康管理条例》《建筑（健康、安全和福利）条例》《工作安全与健康管理条例》；到 2010 年，事故的重伤、死亡人数减少 10%，患职业病人数减少 20%。

日本建筑业经过多年的快速发展，通过探索、逐步总结，形成一套完整有效的模式。据1992年统计，日本所有产业因事故误工4天以上的及死亡的人数建筑业最多，分别是54357人次、993人（占总事故的42.18%）。

加拿大建筑的管理呈地域性特点，建筑法由各省制定。施工现场安全的内容由健康与安全法规范，由劳动部负责。

中国、美国、日本的建筑工程施工伤亡呈各自特点及趋势。中国在1988年、1993年、2000年出现了三次死亡高峰。美国在2002年至2012年的建筑工程施工中，死亡人数每年平均为1122.1人。日本在1950年至2012年经历了第一阶段1950年至1961年的上升，其中，1961年为顶峰，伤亡人数48万人；第二阶段1962年至1973年呈下降趋势，1962年至1973年为平稳阶段，1973年起开始下降，死亡6712人。

美国在明确法律责任、市场经济杠杆、可靠的安全量化评估方面，都有严格的安全检查等多方面的制度与对策。同时，在建筑工程施工现场，运用法律、市场经济、监管等制度，遏制建筑工程施工安全事故，提高工程管理对策，提升安全管理水平。

第二节　建筑工程施工安全技术管理体制建设的主要内容

建筑工程施工安全技术管理体制决定着建筑工程施工安全技术管理的水平，是国家治理体系和治理能力现代化的标志和象征，是坚持和完善中国特色社会主义制度的重要内容之一；同时，安全技术管理水平的发展又以国家现行的有关法律、法规、标志、技术管理权限、程序时限，技术装备水平，现场控制、管理资料等为依据。

建筑工程施工安全技术管理体制内容如下：

（1）建筑工程安全生产法律法规体系。主要有《中华人民共和国建筑法》《中华人民共和国安全生产法》《建筑安全生产监督管理规定》《建筑工程施工许可证管理办法》《建设工程施工现场管理规定》《危险性较大的分部分项工程安全管理规定》《关于建筑施工企业三类人员安全生产考核和安全生产许可证核发管理工作有关事项的通知》《住房和城乡建设部办公厅关于推广使用房屋市政工程安全生产标准化指导图册的通知》等。

（2）党和国家政策。主要包括中国共产党十八大、十九大、十九届四中全会中有关安全的重要论述。《地方党政领导干部安全生产责任制规定》中明确落实的各级建设行政领导干部的安全生产责任制，各部门、各有关企事业单位法定代表人及工作岗位的安全责任制。做到党政问责、一岗双责、齐抓共管、失职追责，使安全生产责任体系全方位、全覆盖、无死角。为促进地方各级党政领导干部切实承担起"促一方发展，保一方平安"的政治责任，为推进"五位一体"总体布局和协调推进"四个全面"战略布局营造良好稳定的安全生产环境。

（3）技术标准、规范。主要有《建筑施工企业安全生产标准化管理规范》《建筑施工安全检查标准》《建筑施工安全技术统一规范》《施工企业安全生产评价标准》《建筑工程绿色施工规范》等。

（4）安全生产管理体系。政府层面要建立健全建设行政主管部门安全生产监督管理机构，组建强有力、完善的建筑工程安全生产监督管理机构。管理功能、水平、人员、经费、技术职数、办公场所、所需装备，要与安全生产监督管理规模相匹配。基层建筑工程施工企业等单位要根据实际现状建立相应的生产管理机构，制定相应的管理制度；建筑工程施工现场要明确工程项目的安全生产管理负责人。

（5）安全生产执法监督体系。首先，要建立健全三全（全员管理、全过程管理和全面管理）的建筑工程执法监督"横到边，竖到底"模式的网格体系。做到监督管理机构的人员、经费、职能、责任四落实。其次，全面抓安全生产的同时，根据实际情况的不同，突出重点环节、重点部位、重点岗位、重点部门实行差异化监督管理；强化业务、法律、法规等在职培训教育，持证上岗，努力提高执法人员的现代化服务意识与管理能力。

在日常的安全生产监督管理中，运用现代互联网、5G移动通信技术、无人飞行器等新技术，采取随机抽查、巡查、"四不两直"（不发通知、不打招呼、不听汇报、不用陪同接待，直奔基层、直插现场）、飞行检查、扫马路等多种检查方式，强化薄弱点、薄弱环节的监督管理力度。各级建筑行政主管部门应建立适合本地区的完善、有效的应急救援体系；制订完善、有效的应急救援指导意见方案及特别重大、重大安全事故的救援预案。强化救援能力建设，对建筑工地的关键岗位项目经理、承担具体工作的项目副经理、主任工程师、班组长、工长等进行安全基础素质教育。定期组织针对性较强的演练，企业施工现场的应急救援预案、救援组织机构、人员、器材、设备的配备须完善到位。

扎实地做好建筑工程安全生产的基础工作，主要体现在落实各方主体责任、生产责任制度、安全生产经费的投入，以及安全生产专项整治、教育培训等方面的工作。

要认真准确地查清事故原因，落实责任追究制度。以"四不放过"为原则，重点追究事故的直接责任人、有关负责人、项目负责人、分管安全生产的企业负责人及行政领导的责任；没有发生事故的单位、部门、地区要做到举一反三，剖析事故原因并对自身进行查摆，认真做好"响应"教育、警示。

第三节　建筑工程施工安全技术管理的主要概述

随着城市化进程水平的不断推进及国家基建投资规模的持续增长，建筑工程规模大、层数多、面积大、体型多样、露天作业多、施工过程变化大已是规律性特点，这给建筑工程安全生产带来许多事故隐患。因此，提高建筑工程施工安全技术管理水平，有效遏制建筑工程施工安全事故已迫在眉睫，需主要做好如下几方面工作。

（1）建立健全建筑工程施工安全技术管理监管体系是前提，到位的技术手段是基础。强化适应市场经济的建筑工程施工安全管理体制，改革现有的建筑工程安全管理方式，从而适应、促进建筑工程施工安全生产方式；同时，完善法律手段、经济手段，构建与之相协调的建筑工程监管体制。

（2）结合建筑工程施工的行业特点，制定相关的规章制度和标准并实施行政监管。科学配备监管机构、人员、经费等，使其形成制度并保证到位、备足，有效形成完善的统一管理、分级管理、综合管理、专业化管理相结合的科学管理体制，各尽其责，分工明确，融合协调，扎实推进建筑工程施工安全管理工作。

建立现代安全生产管理体系，深入贯彻"安全第一，预防为主，综合治理"的方针，建立健全建筑工程施工安全生产责任制与群防群治规章制度，以国家建筑工程施工现有的法律、法规、规程、标准为依据，建立建筑工程施工安全管理体系。在建筑工程项目体系建设方面要具备针对性，通过调研，结合工程项目具体情况和特点进行；恰当、适用的项目体系建设为完善建筑工程施工安全管理、强化施工安全控制措施服务，并根据新的实际情况及时更新体系建设。

体系建设的主要问题是要明确管理职责。体现在管理目标、组织上，形成符合安全生产法律、规章要求的安全管理体系。

（3）在建筑工程施工安全技术管理的全过程中，建设、勘察、设计、施工、监理等单位要严格遵循国家现行法律、法规、技术规程等的规定，并对工程安全负责。建筑工程施工企业要建立健全安全生产机构，配备安全生产人员，构建安全生产体系、安全生产指挥应急体系，落实生产责任制，制订并执行安全生产资金计划，制订实施施工组织设计及专项施工方案，进行安全培训，检查伤亡事故的调查及处理情况。

在房屋建筑工程和市政基础设施工程施工安全隐患较大的深基坑、模板、起重吊装、脚手架及特种工程的安全管理中，要制订切实有效的安全技术方案。对可能出现的风险、隐患因素制定相应的防护措施，及时进行技术交底。施工现场的具体操作流程、作业工序、设施、设备、作业环境等诸方面要安全到位。

（4）规范建筑工程施工安全资料的管理。全面系统性的安全资料是建筑施工工程安全管理的有力抓手，全面系统的安全资料管理能够规范主体责任，理顺、梳理企业安全生产行为，从而推动建筑工程施工安全标准化管理。

建筑工程施工安全技术管理是建筑工程现代化发展水平、能力的标志，使其完善并执行到位，意义十分重大，是减少、避免发生建筑工程施工事故的有效途径。

第四节　建筑工程施工事故预防概述

安全是人民生命的最基本保障，是人们最基本的需求；同时，安全生产是社会文明和进步的重要标志之一。建筑工程施工安全技术管理与事故预防涉及多方面的内容，主要有宏观政策、法律法规、管理体系、技术水平、企业安全行为规范、主体责任等层面，需多管齐下，重点是有效完善，加强建筑工程事故的有效预防，风险、隐患排查，危大工程专项论证，适用的建筑工程施工安全新技术的应用。

建筑工程施工事故预防水平的提高，主要体现在技术管理体系的完善与建筑工程施工现场的有效管理，需做好如下几方面工作。

强化建筑工程施工安全事故预防理论策略研究的战略前沿性，并使其具有适用的地域特色，强化建筑工程施工风险、隐患排查与治理能力，加强危大工程管理，明确安全事故责任，完善建筑工程施工安全生产保证体系与建筑工程施工安全隐患排查治理职责，深化建筑工程施工安全隐患排查工作力度，建立科学、准确、高效的建筑工程施工事故隐患处理程序。

夯实建筑工程施工事故预防的主要技术措施。在深基坑工程施工、脚手架工程施工、模板支架施工、施工用电、起重吊装工程施工、机械拆除工程施工、特种工程施工等方面做精做细。

切实减少建筑工程施工扬尘污染。在治理举措上，应从城市建设的大格局中来思考和应对，从而制定建筑工程施工扬尘治理的主要方略与技术措施。

大力弘扬建筑工程施工安全文化，使其成为促进建筑工程施工安全的重要手段，宣传文化样板、典型，形成独具特色的行业精神财富。

积极推行建筑工程施工现场安全标准化发展与安全文明施工，通过宣扬、学习建筑工程安全文明施工和绿色文明施工的优秀典范，促进建筑工程施工安全生产的全面、高质量发展。

第二章 建筑工程施工安全事故预防理论策略

第一节 建筑工程施工现场安全生产保证体系

为使建筑工程施工安全管理向规范化、科学化、标准化方向发展，使建筑工程施工做到本质安全，建筑工程施工须构建建筑工程施工现场安全生产保证体系，从而显著改善安全生产的整体水平，使建筑工程施工企业项目的环境效益、社会效益和经济效益显著提高。

一、构建建筑工程施工现场安全生产保证体系的基本方略

（一）概念

施工现场安全生产保证体系是为实现建筑工程施工现场安全管理所需的组织结构、程序、过程和资源。

（二）产生的条件

大力推进建筑工程施工现场安全生产保证体系是落实国家"安全第一、预防为主、综合治理"的生产"十二字"方针的具体措施，是根本提升安全生产之策。

安全技术管理的有效实践是施工现场安全生产保证体系的技术积累。特别是从1994年开始实行的国际化的质量保证体系建设，其有效保证了建筑产品的质量，使其状态处于受控把握，这是做好安全管理保证体系的实践基础与有力借鉴。

在建筑工程事故中，由于管理不善、管理混乱导致的占事故总数的92％。因此，构建建筑工程施工现场安全生产保证体系是安全生产实现全面进步的有效路径。

（三）建筑工程施工现场安全保证体系的组成

建筑工程施工现场安全保证体系由组织结构、实施过程和编制程序等几个基本个体组成，相辅相成，是一个有机整体。

（四）构建体系的基本思想

在20世纪50年代我国就提出了建立安全生产责任制的规定，安全生产责任"横向到边，纵向到底"。要从根本上消除、防止事故的发生，必须按照管理预防措施、办法制定科学严格的具体管理职责，为安全生产管理起到保障作用。保证

体系同时也是文件化、制度化的体系。它以建立文件化为目标，依据《中华人民共和国安全生产法》强化体系建设，依法办事，遵循体系要求。狠抓安全生产中涉及的主要问题、重要环节、总体策划，认定重大危险源等不利的安全因素，认真贯彻"体系"要求。对施工现场正在运行的设施，运用中的过程、行为等方面要进行严格控制；同时彻底消除安全隐患，实施有效管控，确保纠正、预防措施的执行力。

二、施工现场安全生产保证体系的主要内容与其他需处理好的几方面关系

（一）施工现场安全生产保证体系的主要内容

1. 操作性强、可靠的安全管理理念

确定目标与建立健全的三级管理体系，全面实行施工生产安全，保障企业安定、员工安于工作。将一般事故月发生频率控制在零，无重大事故，无群体斗殴及刑事案件。

2. 明确项目经理的职责、权限

确定管理目标后，项目经理对项目负总责，并执行、落实各项管理规定、措施，使各有关安全生产的法律、标准、规范、制度落地，贯彻实施施工组织设计的各项安全措施；制定管理办法为项目安全管理人员与施工管理人员的有效、正确展开工作提供支持；按国家有关规定组织安全生产检查，验收有关安全设施；主持评审工程项目的安全体系，主持、协调体系运行中的各种重大问题；对施工现场进行标准化的管理，使现场的操作作业空间环境安全，处理施工现场发生的一般工程事故，并协助处理重大工伤、机械事故，并及时整改。

3. 明确项目安全员的职责

认真贯彻安全管理目标中的各有关规定，组织安全技术交底，控制施工全过程并贯彻安全规章制度。处罚"三违"、冒险作业，实施安全动态管理，接受上级及相关部门的安全检查，并负责一般事故的调查分析，协助上级及相关部门处理其他事故；组织施工人员进行安全与文明施工培训，严格执行持证上岗制度。

4. 明确施工队管理人员和安全员的职责

遵照制定的安全保证计划，全过程控制施工安全。监督管理各施工工种在安全状态下规范操作，对分部、分项工程进行针对性的技术交底，及时发现、查找事故隐患，制止"三违"作业；保证生产进度、施工安全，发现事故隐患与事故及时整改，并举一反三，按照国家有关法律、法规、规范、操作要求进行系统处理。

5. 明确安全管理组织的工作

在工程项目部成立项目经理是第一责任人的安全生产领导小组，其具体的工作有保证计划的制定与其资源配置的落地、运行、检查，运行过程中的正确纠正，及时发现隐患并处理；采取有效预防措施。

（二）其他需要处理好的几方面关系

在建立健全完善的建筑工程施工现场安全生产保证体系的同时，认真贯彻并执行好《质量管理体系 要求》（GB/T 19001—2016）/ISO 9001：2015、《工程建设施工企业质量管理规范》（GB/T 50430—2017）、《环境管理体系 要求及使用指南》（GB/T 24001—2016）/ISO 14001：2015、《职业健康安全管理体系 要求及使用指南》（GB/T 45001—2020）/ISO 45001：2018 等国家现行管理体系。

三、作用与意义

建筑工程施工现场安全生产保证体系的建设是规范、引导施工现场的安全管理行为在源头控制、稳定安全生产环境，使安全生产诸要素受控的必要保障；是做好强化施工现场安全度的重要举措，是实现企业安全生产的治本策略。

建立建筑工程施工现场的安全保证体系标准，有效将各项相关的法律、法规，各种规范、标准融为一体，在现场得到实际贯彻；同时，也是其遵章建制的有效平台，是评价综合管理能力、水平、形象等的重要依据，更是企业全面提升施工现场安全管理能力、开拓能力的象征。

第二节　建筑工程施工企业构建双重预防机制建设

风险分级管控和隐患排查治理体系构成双重预防体系。建立、完善建筑工程施工企业双重预防工作机制是建筑工程施工生产技术控制与安全目标的首要任务。从国家方针、政策到技术层面，双重预防机制建设都是强有力的；除在一些欠发达地区此项工作的建设不够充分外，绝大多数地区都进行了有效的双重预防机制建设，为国民经济、社会稳定发展起到积极地推进作用。

一、党和国家指导方针、政策，国家法律法规，技术规范

（一）党和国家指导方针、政策

（1）2015 年 12 月，中共中央总书记习近平在第 127 次中央政治局常委会上指出："对易发重特大事故的行业领域采取风险分级管控，隐患排查治理双重预防工作机制，推动安全生产关口前移"。

（2）2016 年 1 月，国务院全国安全生产电视电话会议明确要求，在高危行业领域推行风险分级管控，隐患排查治理双重预防性工作机制。

（3）2016 年 4 月 28 日，国务院安全委员会办公室印发《标本兼治遏制重特大事故工作指南》的通知指出，着力构建安全风险分级管控和隐患排查治理双重预防性工作机制。

（4）2016年10月9日，国务院安全委员会办公室印发《实施遏制重特大事故工作指南构建双重预防机制的意见》指出，着力构建企业双重预防机制。

（5）2018年2月12日，中华人民共和国住房和城乡建设部发布《危险性较大的分部分项工程安全管理规定》。

（二）法律法规

（1）2014年12月1日发布，《中华人民共和国安全生产法》。

（2）1997年11月11日，全国人大常委会通过，2019年4月23日修改《中华人民共和国建筑法》。

（3）2003年11月12日，国务院第28次常务会议通过《建设工程安全生产管理条例》。

（三）技术规范

在国家政策引导，法律、法规、规范的框架下出台的技术规范如下：

（1）2020年03月06日发布，《职业健康安全管理体系 要求及使用指南》（GB/T 45001—2020）。

（2）2013年05月13日发布，《建筑施工安全技术统一规范》（GB 50870—2013）。

（3）2018年2月2日，国家住房和城乡建设部关于印发《大型工程技术风险控制要点》。

（4）1986年5月31日发布，《企业职工伤亡事故分类标准》（GB 6441—1986）。

（5）2007年12月20日发布，《安全生产事故隐患排查治理暂行规定》。

（6）2009年10月15日发布，《生产过程危险和有害因素分类与代码》（GB/T 13861—2009）。

（7）2009年09月30日发布，《风险管理 原则与实施指南》（GB/T 24353—2009）。

（8）2011年12月30日发布，《风险管理 风险评估技术》（GB/T 27921—2011）。

（9）2011年12月07日发布，《建筑施工安全检查标准》（JGJ 59—2011）。

（10）2018年03月19日发布，《市政工程施工安全检查标准》（CJJ/T 275—2018）。

（11）其他安全生产相关技术及规范。

二、安全生产新理念、新认识

（一）安全生产新理念、新认识

1. 企业真正的安全生产

传统的理念中是企业只要不发生事故表明企业是安全的。新理念：不发生事故并不能代表企业是安全的。

企业真正想要安全，其生产过程中的安全生产条件（行为、过程、状态等）必须符合国家法律法规、技术规范与标准等要求；同时，要管安全生产条件（行为、过程、状态等）的符合性，这是企业的主体责任。政府需立法、立规、立标、执法（监督这种符合性）。

2. 企业安全与发展新理念

（1）安全与发展方面正面的绩效指标分析，主要包括安全生产投入、机构的设置及专业人员配备、教育培训、隐患排查与管理等。

（2）目标控制区别

主要是效果对比。

3. 企业与其高层管理者最危险的事情，惧怕的结果

可以瞬间"干掉""毁掉"企业的是什么？是"安全事故"；可以瞬间"毁掉"管理者与领导干部的是什么？是安全事故；尤其是可以避免，克服的安全事故，让人永生悔恨。

（二）主要概念

（1）危险源。是指可能导致人身伤害和（或）健康损害的根源状态或行为，或其组合。

（2）重大危险源。《中华人民共和国安全生产法》定义：重大危险源是指长期地或临时地生产、搬运、使用或储存危险物品，且危险物品的数量等于临界量的单元（包括场所和设施）。

（3）重大事故隐患。是指危害和整改难度大，应全部或者局部停止施工，并经过一段时间整改治理方能排除的隐患，或者因外部因素影响致使生产经营单位自身难以排除的隐患。

（4）风险。是指发生危险事件或有害暴露的可能性，与随之引发的人身伤害或健康损害的严重性的组合。

（5）危大工程。《危险性较大的分部分项工程安全管理规定》中规定：危大工程是指房屋和市政基础设施工程在施工过程中，容易导致人员群死群伤或者造成重大经济损失的分部分项工程。

（三）概念间关系

1. 事故隐患、危险源

（1）事故隐患、危险源是不同的概念。危险源是将来的情况，是出现危险状况时提前的预先判定。隐患的含义是隐藏或潜伏着的祸患，通常是指失去控制的危险源，是与现实风险相伴随，存在产生较大事故概率的危险源；一般情况下隐患包括人、物、环（作业环境）、管（安全管理状况及漏洞缺陷）、心理健康等五个方面。隐患是现在的情况，是经过检查、排查等方式而发现的种种不合规、不合法的状况，须立即进行整改。对危险源来说，事故隐患或客观存在，或不存

在；但存在事故隐患的危险源，必须立即整改，严格整治，否则会发展成为事故。危险源的控制，在客观上就是要除去、有效防止出现事故隐患。

（2）危险源、重大危险源、事故隐患三者之间的相互关系：事故隐患、重大危险源存在于危险源之中，事故隐患形成危险源，但危险源不确定是否会变成事故隐患；同时，有重大危险源又不一定伴随着事故隐患，如图 2-1 所示。

图 2-1 三者之间逻辑关系

2. 危险源、隐患、事故三者之间的一般运行法则关系

没有控制的危险源将会发展成为事故隐患，事故隐患如得不到及时治理，任其发展到一定程度，将会造成生命伤亡、财产损失，如图 2-2 所示。

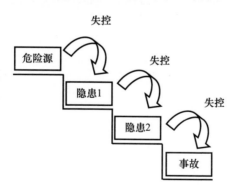

图 2-2 运行法则

3. 隐患排查治理与隐患分级排查

（1）隐患排查治理。分级展开排查治理，设置隐患排查治理记录台账。

（2）隐患分级排查。包括班组级（岗位级）、项目级（专业级）、公司级三级。

4. 风险辨识、分级管控过程

一是全面系统辨识；二是风险分级与管控。

5. 风险点排查与方法

一是风险点排查；二是要有切实可行的方法，按照建筑工程施工、生产流程、操作活动等方式进行排查。

6. 危险源辨识的思路与危险源辨识步骤

（1）危险源辨识的思路。

存在什么样的危险源？谁会受到伤害？伤害的发生情况怎样？

（2）危险源辨识步骤。

危险源辨识步骤：一是严格识别出本岗位涵盖的所有设备、设施、工作作业活动，并进行详细分类、载录。二是识别、确定出每项工作作业活动可能产生的事故类别。三是针对识别出的每项事故类别，从中分辨识别出有可能产生事故的危险源，要详细记载。

三、技术把控的主要措施

（一）编制重大危险源清单

在建筑工程施工企业项目工地，根据危险源辨识思路与危险源辨识步骤，确定类别、序号、危险源、可能导致的事故、级数、控制措施等内容，以此为基础编制出重大危险源清单。

（二）科学、准确的危险源辨识思路

1. 通常的辨识方法（根据项目现场等类型的不同而不同）

（1）询问、沟通；

（2）查询档案，记录；

（3）现场踏勘；

（4）外部信息收集；

（5）危害损坏情况分析研判。

2. 安全检查表（SCL）

（1）危险与可操作性分析（HAZOP）；

（2）运用安全系统工程中常用的一种归纳推理分析方法：事件树分析法（ETA）；

（3）故障（事故）树分析法（FTA）。

（三）安全检查表分析（SCL）的主要内容

（1）基于经验的基础。

（2）根据检查项目和检查要点编制成表，目的是检查与评审，是安全检查和诊断的工具清单。

（3）对于物质、设备、工艺流程、作业场所、操作规程等的分析研究。

（4）编制程序。

编制程序有五个方面的基本要求：

（1）定人；

（2）掌握系统；

（3）收集整理资料；

（4）判别危险源；

（5）完成检查用表。

（四）风险分级管控

1. 风险等级划分类型

风险等级划分为重大风险、较大风险、一般风险、低风险、可接受风险，前面四种分别用"红橙黄蓝"四种颜色显示，在实行风险等级划分时参照如下规则，与自身可接受风险的实际来区分。

E级：5级·蓝色·可接受危险。

D级：4级·蓝色·轻度（稍有）危险，属于低风险。

C级：3级·黄色·显著危险，属于一般风险。

B级：2级·橙色·高度危险，属于较大风险。

A级：1级·红色·极其危险，属于重大风险。

2. 风险矩阵分析法（简称LS）

风险矩阵分析法，用如下公式表示：

$$R=L\times S$$

式中　R——风险值；

　　　L——事故发生的可能性；

　　　S——发生事故后果的严重性，包括伤害程度、持续时间等。

R 值越大，表明该系统危险性与风险越大。事故发生的可能性（L）判定原则划分为 5 级。5 级是没有采取任何防护、监控措施，无监测，在危害发生时不能被发现的情况。4 级是危害不容易被察觉，作业现场无检测系统或其系统有控制措施，但不到位，危险即将发生或预测发生。3 级是无保障办法（无防护设施、无个人预防性装备等），未实行规定的作业顺序；当现场有检查测试系统时，危害易被查出；以前曾产生的事故等。2 级危害可以立即发觉，并如期进行检查测试，能够实行现场的预防和控制办法，偶然出现的事故等。1 级是在各方能扎实做到行之有效的预防、控制、观测，采用到位的防护措施，全员职工的安全意识强，掌握规程的践行力高，极不可能发生事故等。

事件后果严重性（S）判定准则划分为 5 级，等级数与法律、法规、标准、死亡人数、财产损失、停工、公司外部形象。

风险矩阵见表2-1。

表 2-1　风险矩阵

后果等级				
5	轻度危险	显著危险	显著危险	极其危险	极其危险
4	轻度危险	轻度危险	显著危险	高度危险	极其危险
3	轻度危险	轻度危险	显著危险	显著危险	高度危险
2	轻度危险	轻度危险	轻度危险	轻度危险	显著危险
1	轻度危险	轻度危险	轻度危险	轻度危险	轻度危险

安全风险等级判定准则（R）及控制措施见表2-2。

表 2-2　安全风险等级判定准则（R）及控制措施

风险值	风险等级		应采用的举措或把控办法	实际实行的期限
20～25	A/1级	极其危险	在采取措施降至低危害前，停止作业，并对改进、完善的办法进行有效评价	立刻
15～16	B/2级	高度危险	立刻采取有效紧急措施，使风险下降，确定正常的运作、控制程序，按期进行检测、评价	立即、近期整改
9～12	C/3级	中等危险	确定目标与操作规程	2年内治理完成
4～8	D/4级	轻度危险	建立、完善操作规程、作业流程、指导文件并定期检查	在条件、经费到位时治理
1～3	E/5级	稍有危险	不用采取控制措施	需保存过程记录

风险分级中企业需做到：

一是依照风险评估的最终情况结果，采取有效的组织制度、措施，通过管理、技术把控、应急救援等措施，有效把控安全风险。二是严格贯彻落实班组、项目岗位、企业的管控职责，及时按照安全风险分级、分类、分专业、分层进行管理。

风险分级管控应遵循的原则如下：

一是风险越高，管控的层级越高。重点把握、管理控制有可能造成严重后果的作业活动；着重注意复杂、难度程度大、技术水平高的操作活动。二是下一级需承担、负责管理把控上一级承担、负责管理把控的风险，逐层落实贯彻实施。三是通过组合、增加风险管控层级的手段，结合本单位的机构设置情况，实现资源的互补、优化。

3. 风险控制

风险控制措施有四个方面：一是工程控制；二是管理（行政）控制；三是个

体（单位）防护控制；四是应急控制；同时包括工程控制、行政控制、个体防护、应急控制等。

4. 风险控制的主要措施

风险控制的主要措施包括八方面内容：（1）用无害物质代替有害物质；（2）使用低危险物质；（3）改善工艺，促进生产力进步；（4）人员隔离或与"危害"保持安全距离；（5）控制局部（局部的点）；（6）改进工程技术手段；（7）运用现代管理手段控制风险；（8）强化个体防护（关键的点）。

5. 公示教育培训

公示教育包括风险公告与风险培训。

（五）隐患排查治理

1. 总要求

企业严格展开隐患分级排查工作，设置排查治理台账，严格按照通知单进行隐患排查，完成治理公示，将事故隐患分类汇制作汇总表。

2. 隐患排查范围、方法

（1）范围是与生产经营活动有关并处于所占用的场所等。

（2）企业依据建筑工程施工安全生产的类型、特点及实际需要，分别采用日常、活动、事故类比的隐患排查方法；复工前应采用隐患排查等方式。

（3）现场存在隐患，就意味着存在风险，可采用正向激励措施、隐患排查机制。

（4）隐患排查案例。

① 在变压器、高压开关柜、低压配电盘的操作地面未铺设绝缘胶垫，并存在铺堆放杂物的情况；

② 电梯井口未设置防护栏杆或固定闸门，未执行电梯井内每隔两层并最多隔10m设置安全网的规定等；

③ 未发现的隐患就是最大的隐患。

3. 隐患排查治理主要流程

隐患排查治理主要流程如图2-3所示。

（六）双重预防机制建设流程

1. 着力建设双重预防机制，构筑两道防火墙

（1）第一道防火墙是管风险，在源头上辨识分级管控风险，在隐患前面将安全风险管控好；

（2）第二道防火墙是治隐患，把隐患排查和治理作为基本措施。

双重预防机制建设流程如图2-4所示：

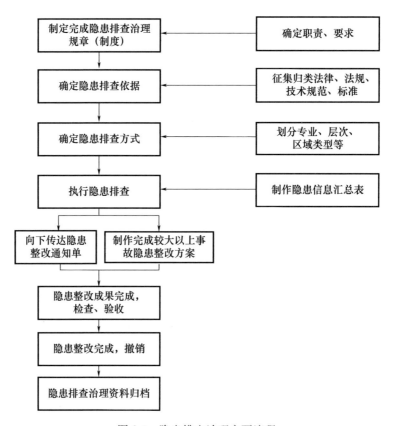

图 2-3　隐患排查治理主要流程

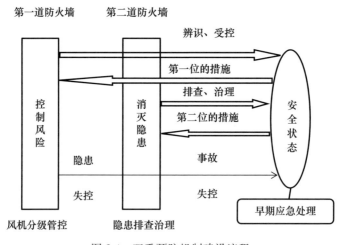

图 2-4　双重预防机制建设流程

2. 风险分级管控与隐患排查治理的区别与联系

风险分级管控是以风险的自愿模式为基础的有效管控经过、历程，隐患排查是以最终结果的非自愿模式为基础的管控目标成果。

3. 风险分级管控与隐患排查治理权重对比

风险分级管控与隐患排查治理，其责任主体都是企业。但是，从快速提高企业安全管理与事故预防的水平方面来看，隐患治理需政府大力督导、严格监管。

4. 企业构建双重预防机制

（1）抓好、落实五方面工作。设立建设机构，明确建设目标，确定涵盖范围，设计建设总计划，建设目标与企业业绩考核相联。

（2）双重预防机制建设的四个阶段为筹划、施行、检查、改进（修正）阶段。

5. 双重预防机制建设成效

大力推行双重预防机制建设。一方面，从企业最高管理者至普通员工，尤其是关键技术具体操作的员工要搞懂、掌握本职岗位的风险管控流程与隐患排查治理方略；发挥好每个岗位在双重预防机制运作中的作用，注意把握上游工序的严格验收与下游工序的准备条件。另一方面，在整体工作中融入每位员工的具体岗位工作，提高员工的素质和认知水平。双重预防机制建设是降低工作风险，提高工作效能，增强责任心、自豪感、幸福感的有效手段。

第三节　加强危险性较大建筑工程管理　有效遏制安全事故

危险性较大的分部分项工程的安全管理是建筑工程施工安全管理工作中的一项重要内容，由于经济、技术、发展水平等的差异，本节就针对专项方案审核流程、存在的主要问题，对比初步研究、改进方略、措施等方面进行阐述。

一、危大工程管理办法

为了加强对危险性较大的分部分项工程的安全管理，国家住房和城乡建设部先后相继出台了有关危大工程的管理办法、规定，有效遏制了建筑工程施工安全事故的发生。

（1）2009 年 05 月 13 日，关于印发《危险性较大的分部分项工程安全管理办法》的通知。

（2）2018 年 03 月 08 日发布，2018 年 6 月 1 日起实行《危险性较大的分部分项工程安全管理规定》。

（3）2018 年 05 月 17 日，中华人民共和国住房和城乡建设部发布《危险性较大的分部分项工程安全管理规定》。

（4）各省市、中央管理的建筑企业等有关单位相继出台的地方、行业、企业、单位等的管理办法、通知、实施细则等。

二、一般专项方案审核流程与须专家论证专项方案审核流程

（一）一般专项方案审核流程

危险性较大的分部分项工程专项施工方案编制、审核、审查流程，如图 2-5 所示。

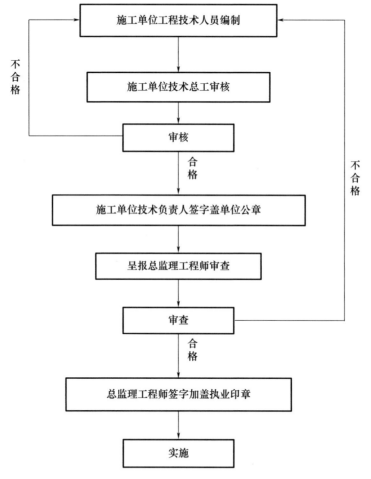

图 2-5　一般专项方案审核流程

（二）须专家论证专项方案审核流程

超过一定规模的危险性较大的分部分项工程专项施工方案编制、审核、审查流程，如图 2-6 所示。

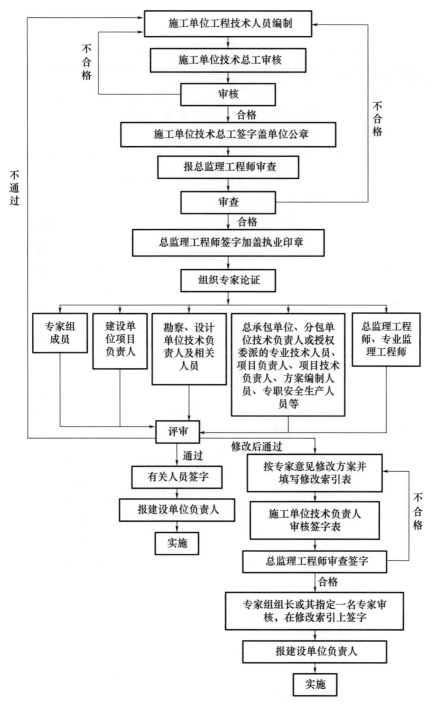

图 2-6 须专家论证专项方案审核流程

三、对比的主要初步研究

（一）《危险性较大的分部分项工程安全管理规定》（以下简称 37 号令）与《危险性较大的分部分项工程 安全管理办法》（以下简称原 87 号文）中有关职责、签字审查等分析

（1）37 号令增设了部分勘察、设计等单位相应职责的部分条款与相关责任主体单位的法律责任，相对应的处罚较原 87 号文轻。

（2）37 号令未提及建设单位项目负责人需在专项施工方案签字的规定。

（3）37 号令新增了"专项施工方案在需要专家论证前要经过施工单位审核和总监审查"的规定。

（4）37 号令提出"专家对论证报告负责"的要求，原 87 号文未提及。

（5）37 号令增设了建筑工程施工现场管理者与作业者进行安全技术交底，要由双方与项目专职安全管理者共同署名确认，项目的专职安全生产管理者要将专项施工方案的现场落实情况进行监督、提出要求；没有提及施工方应制定专人对专项施工方案的实施状况进行现场监督与按规定进行监测等。

（6）37 号令第 18 条提出了监理单位应当结合危大工程专项施工方案编制监理实施细则，并对危大工程施工实施专项巡视检查的新办法，而没有设置将监理单位对危险性较大的分部分项工程列入监理规划中。

（7）当出现"施工单位拒不整改或者不停止施工的情况"时，原 87 号文规定："建设单位应当及时向住房城乡建设主管部门报告"变为"监理单位应当及时报告建设单位和工程所在地住房城乡建设主管部门"。

（8）37 号令第 14 条与第 21 条分别规定：施工单位应当在施工现场显著位置公告危大工程名称、施工时间和具体责任人员，并在危险区域设置安全警示标志；危大工程验收合格后，施工单位应当在施工现场明显位置设置验收标识牌，公示验收时间及责任人员。

（9）第 37 号令明确了专项施工方案的交底程序。专项施工方案实施前，编制人员或者项目技术负责人应当向施工现场管理人员进行方案交底。

施工现场管理人员应当向作业人员进行安全技术交底，并由双方和项目专职安全生产管理人员共同签字确认。

（二）31 号文与原 87 号文中有关工程范围、专项方案编制等分析

1. 危大工程范围

（1）将土方开挖、支护、降水工程统一写为基坑工程；

（2）模板工程中增加隧道模，明确施工荷载为设计值；

（3）增加装配式建筑混凝土预制构件安装工程；

（4）取消预应力工程。

2. 改变原 87 号文的超危工程范围

（1）开挖深度未超过 5m 但地质条件复杂的土方开挖、支护、降水工程；

（2）取消爆破工程；

（3）可能影响行人、交通、电力设施、通信设施或其他建、构筑物安全的拆除工程；

（4）增加了重量 1000kN 及以上的大型结构整体顶升、平移、转体等施工工艺。

3. 专项方案编制

37 号令明确了专项施工方案应由施工单位技术负责人审核签字、加盖单位公章，并由总监理工程师审查签字、加盖执业印章后方可实施。

4. 专项方案内容

原 87 号文第六项"劳动力计划"改为施工管理及作业人员配备和分公司，并新增加验收要求和应急处置措施两项内容。

四、存在的主要问题

已发生的安全事故或危险性较大的分部分项工程管理显示，由于新技术、新工艺、新材料、新设备的不断呈现，建筑工程施工的工程量、规模、难度增大，安全隐患也随之加大，安全事故数量也与日俱增。表现在安全事故中危大工程数量多、面广、不易控制；同时，存在认识不到位、流程不规范，论证准备不充分，论证方案深度不够，判断不准确，未严格实施论证方案。

在部分尚无国家、行业及地方标准的分部分项工程中的论证难度较大，论证专家数量不足，控制不力。若设计单位有关危大工程的设计文件深度不够或部分短缺，则以施工单位出具的专业文件会签代替。

五、改进方略、措施

强化薄弱环节，提高认识站位，严格遵守审核与论证要求，规范流程，科学、细化危大工程专项方案，强化危大工程属地监督管理力度，做到提高准确度，精准识别事故隐患，靶向处置。积极推进"智慧工地"建设，促进信息技术与安全管理深度融合，运用大数据和智能监控手段提升危大工程安全管理水平。

强化高校本科、研究生阶段有关危大工程涉及的专业知识教育。强化属地各有关企业、设计等单位的危大工程有关专业专家的在职学习，尤其是论证案例、事故案例等的剖析研究，不断提高专家、队伍的专业水平能力。强化运用市场化方式提高论证专家队伍的论证报酬，论证成果体现劳动价值，从而更好地调动其积极性。

全面重视危大建筑工程管理，努力克服其薄弱环节，将发展中存在的问题作为工作中的重点，在具体的改进方略上下功夫，从而更有效遏制安全事故，全面提升其管理控制、技术控制水平。

第三章 建筑工程施工安全的 主要专项管理控制措施

第一节 深基坑的工程施工

1. 概念

基坑工程是开挖深度超过 3m（含 3m）的基坑（槽）的土方开挖、支护、降水工程。开挖深度虽未超过 3m，但地质条件、周围环境和地下管线复杂，或影响毗邻建筑、构筑物安全的基坑（槽）的土方开挖、支护、降水工程。

深基坑工程是开挖深度超过 5m（含 5m）的基坑（槽）的土方开挖、支护、降水工程。

2. 主要管理控制措施

在深基坑的施工中，因管理方法不当而导致的险情、隐患居多；因此，须强化如下几方面的管理。

严格执行国家、地方现行建筑基坑工程管理规范、标准；注重岩土勘察，土压力计算，基坑的稳定性，支护结构造型，地下水控制的准确性；基坑开挖方案选型恰当，注重基坑监测，坑边荷载，环境的影响评价与防治措施，安全防护到位。

3. 主要技术控制措施

在深基坑的施工中，由于技术控制方法不当，导致险情，出现隐患也较多；因此，须强化技术控制。

在严格执行国家、地方现行建筑工程施工基坑技术规范、标准的同时，技术控制应注重以下几个方面。

（1）支护在软土区，各种支护体系的插入深度应满足稳定要求，并且在遇到有较好的下卧土层时，支护体系的根部需插入土层。

（2）当有软弱的坑底土层时，需计算合适的动区土体，并进行加固；同时，需动区土体加固要在开挖前完成，养护期要达到规定时间，加固的土体，经有关检测达到设计要求值时，再开挖基坑。

（3）文物等需要保护的建筑物加固维修时，要充分考虑加固施工过程中土体强度的减少，须采取有效的预防措施。

（4）在基坑工程施工过程中，要缩短基坑暴露时间，以降低基坑的后期变形。

（5）基坑开挖前，做好地下水处理等准备工作，如降水造成周围建筑物不均匀沉降时，降水与回灌同步进行，观测地下水位的变化，保持原有地下水位无变化，做好止水堵漏的工作。

（6）根据地质、水文条件、挖土深度、周边环境，采用常用的放坡喷网护面，放坡土钉（钢筋）支护，基坑内外管井降水，支护设计、施工方案要完整准确、可行。

（7）分级放坡时的坡度和坡高，其稳定性验算及钢管土钉支护设计计算需符合国家现行相关规范、规定；细化、完善基坑开挖区域放坡坡率，开挖的级数，出土坡道、坡率及两侧边坡坡率。

（8）充分利用、挖掘现有场地，使现场实际情况满足、达到安全施工的基本条件。

（9）严格检验、确认深基坑所用材料是否合格，其材质、规格尺寸，与计算书采用的材质、规格尺寸是否匹配，如钢管、土钉等，需要时采取加强措施。

（10）基坑开挖之后，及时铺筑垫层，并根据计算，必要时在垫层中加配钢筋。

（11）优化降水井位，既要方便出土，又要满足降水要求，注意避开地深及竖向结构。

（12）细化、完善主体施工和车库基坑施工立体交叉安全防护措施，对超过10m深的基坑边坡进行护面，满足其合理防护。

（13）根据现场实地计算，严格控制基坑周边的堆载范围和堆载值。

（14）注意深基坑开挖对围挡基础稳定性的影响：根据国家现行《建筑基坑工程监测技术标准》（GB 50497—2019）的要求，深基坑工程应实行第三方监测的要求，施工单位应对基坑深度超过10m的基坑进行监测；细化、完善深基坑巡视检查项目的要求，努力实施信息化施工。

（15）根据国家现行《建筑基坑支护技术规程》（JGJ 120—2012）的规定，深基坑中严格控制双排桩前排（高压旋喷桩的泥渣厚度）、桩立筋与连梁主筋的搭接长度。

（16）如采用槽钢腰梁，节点施工须确保与支护传力可靠，并防止腰梁扭转失稳。

（17）细化帷幕桩、支护桩、锚杆、降水井、喷锚等施工的安全技术措施；同时，注意深基坑开挖对围挡基础稳定性的要求，把控封井条件。

（18）针对可能出现的危险因素，细化应急预案。

（19）深基坑的临边防护设施要求，须严格执行国家现行《建筑施工高处作业安全技术规范》（JGJ 80—2016）。

第二节　脚手架工程施工

一、脚手架工程施工安全

（一）概念

脚手架是指建筑工程施工现场为解决工作人员操作平台并满足垂直与水平交通运输而搭设的各种专业支架。主要应用于建筑工程结构施工、室内外装修及设备安装等施工需要。

脚手架在我国有着悠久的历史，在有建筑物时，就有脚手架的存在。当一座建筑物建成或修缮完毕，即随之拆卸，因此，历史上无脚手架保留的实物。脚手架是随着历史的发展而逐渐成熟的产物，如现遗存的我国宋代经典建筑物——河北省开元寺塔，塔有 11 层，高 84m，若无脚手架，其建造和修缮是不可完成的。论著宋代《营造法式》与清代工部《工程做法》中就有关于脚手架的内容。《营造法式》中称现代的脚手架为"卓立搭架""缚棚阁""绾系鹰架"；清代建筑中将搭脚手架称为"搭材作"，这为当时的一个专用名称。各种架子有"随木作坐檐架子""搭戗桥""竖立大木架子""搭持杆""菱角架子"等，这是建造和修缮的产物，尺寸一般为直径 20cm，长 6～7m。

（二）脚手架的分类

1. 依照材质分类

（1）木脚手架（2021 年 7 月住房城乡建设部规定禁止使用）；（2）竹脚手架（竹片并列脚手板，竹芭板）（2021 年 7 月住房城乡建设部规定禁止使用）；（3）钢管脚手架。

2. 依照构造方式分类

（1）扣件式钢管脚手架；（2）碗扣式钢管脚手架；（3）承插型轮扣式钢管脚手架；（4）承插型盘扣式钢管脚手架；（5）门式脚手架（2021 年 7 月住房城乡建设部规定限制使用，不得用于搭设满堂承重支撑架体系）；（6）键插接式钢管脚手架；（7）附着式升降脚手架；（8）高处作业吊篮。

3. 依照施工搭设位置分类

（1）内脚手架；（2）外脚手架。

4. 依照施工设置分类

（1）单排脚手架；（2）双排脚手架；（3）多排脚手架；（4）满堂脚手架；（5）满高脚手架；（6）交圈（周边）脚手架；（7）特形脚手架。

5. 依照施工支固形式分类

（1）悬挑式脚手架；（2）落地式脚手架；（3）附墙悬挂架；（4）悬吊脚手架。

（三）脚手架的特点与主要应用范围

1. 扣件式钢管脚手架

扣件式钢管脚手架具有系统零件少、安装简单、便于拆卸、规格承载、受力单一、操作灵活、适应性强、历史悠久等特点，在 20 世纪 60 年代到 80 年代中期，得以大量推广应用。主要应用于多层、中层、低层的房屋建筑与市政施工，用于围挡和不同的维修、建造、装潢等施工场合（交通运输部 89 号文规定在危大工程中限制使用）。

2. 碗扣式钢管脚手架

碗扣式钢管脚手架具有接头构造合理、制作简单、作业操作容易、使用范围广等特点，也存在破损、浪费严重的缺点。在 20 世纪 80 年代初，我国从国外引进，其主要应用于建筑工程和市政工程中的桥梁、房屋建筑、水塔、烟囱、隧道等工程的施工。

3. 承插型轮扣式钢管脚手架

承插型轮扣式钢管脚手架使用寿命长，连接采用同轴心承插，采用节点在框架平面内的连接方式，构造表现为 4 个孔，其拼拆迅速、省力，操作简便，结构简单，承载力大，便于管理运输，通用性强，使用范围广。其主要应用于路桥、市政、房屋建筑等（在 2019 年的团标中规定高度不超过 8m）。

4. 承插型盘扣式钢管脚手架

承插型盘扣式钢管脚手架具有如下特点：使用寿命长，是脚手架的升级换代产品，强度高，一般高于传统脚手架的 1.5～2 倍；采用插销式的连接方式，构造表现为 8 个孔，受力更为合理，各杆件传力均通过节点中心；技术成熟，结构稳定，防腐采用外热镀锌，产品寿命长，美观、漂亮。主要应用于民用、工业、市政等建筑工程，是目前大力推荐的脚手架类型。

5. 门式脚手架

门式脚手架具有如下特点：几何尺寸标准，结构合理，受力性能好，钢材强度利用好，承载力高；在施工使用过程中，装拆容易，移动、操作简单，架设高效，省工省时，经济适用，安全可靠；应用范围广。门式脚手架是具有便携式特点的定型脚手架。在 20 世纪 80 年代初，我国从国外引进，主要应用于在构造施工活动中的工作台、楼宇、厅堂、桥梁、隧道、高架桥等工程施工中的模板内支顶，或飞模工程施工的支承主架，是建筑工程中机电安装、装修施工的活动平台（住房城乡建设部 2021 年 214 号公告在危大工程中限制使用）。

6. 键插接式钢管脚手架

键插接式钢管脚手架具有如下特点：产品新颖、实用性强，在搭设部分常规脚手架外，可搭设悬挑结构、悬跨结构，进行整体吊装架体等，相比扣件、碗扣式脚手架，其结构形式具有稳定性强，体系安全可靠、施工速度快、质量稳定，周转率高的特点；由于无零散小部件，可降低丢失率，有效节约成本。其主要应用于小空间的工程施工。

7. 附着式升降脚手架

附着式升降脚手架附着于工程结构上，依靠自身的升降设备和装置，随着工程结构逐层爬升、下降，是具有防倾覆、防坠落功能的外脚手架，具有低碳性，实用，美观，结构科学，安全可靠，架体整体强度、刚度好等特点，便于大体量使用。其主要应用于高层、超高层的建筑工程施工。

8. 高处作业吊篮

高处作业吊篮是电动爬升式装修机械，其操作简便，安全度高，经济性能好，可以快速地将施工人员运送到施工地点。其主要应用于高层及多层建筑物的外墙施工与装修、装饰工程，如抹灰浆、贴面、幕墙安装、涂料粉刷、清洗、油漆、装修等。

二、主要管理控制措施

（一）培训到位，持专业有效证件上岗

操作人员须经过专业培训，持专业培训操作有效证件。制定配套、适宜的安全技术措施与安全管理维护、保养方案。

（二）产品证件齐全、合格、性能检验齐全

所有脚手架工程进场的构配件和材质须有产品质量合格证、性能检验报告、生产许可证等，其型号、规格、材质、产品质量等须符合国家现行相关管理标准要求与专项施工方案要求。安拆单位须具有相应的专业资质。

（三）专项方案须专家论证

建筑工程专项施工方案须按国家、省有关部门现行的脚手架工程标准组织专家论证。

（四）严格技术交底

根据各种脚手架的型号、用途等，强化脚手架管理的技术方案，在专项施工方案实施前，须进行技术交底，并有文字记录。

（五）气象条件

有六级及以上大风或雪、雨天、大雾等状况时，不得进行高处作业。

（六）脚手架要采取一些细化措施

（1）班组长做好架上操作人员之间的分工协调工作，做好杆件的重心测算与平稳传递。

（2）架体上进行电焊操作时，须实行有效的防火措施，选用阻燃铺垫，搬走易燃物，在其火星溅射范围内设置相匹配的灭火装置，主动防火。

（3）脚手架架体的拆除须严格按国家现行有关规定的要求，按顺序执行。如遇多班组、多人作业时，须强化组织指挥，按规定程序协同拆除。

（4）脚手架不得设在高、低压线路的下方；同时，其外侧边缘与外电架空线路的边线须留有必要的安全操作距离。

（5）附着式脚手架的安全装置与架体高度、构造尺度、架体安装、升降、检查、验收等须达到国家现行相关管理要求。

（6）吊篮的各限位装置须安全有效，防坠安全锁必须在有效的标定期限内。安全绳的配置和吊篮悬挂机构前支架等的使用须符合国家现行规范及专项施工方案的要求；同时，吊篮的配重件质量、数量须符合说明书及专项施工方案的要求，特别是应在平台的明显位置注明额定荷载质量及其他注意事项。

三、主要技术控制措施

（一）专项施工方案要求

各种脚手架应根据工程的实际情况，进行专项的施工技术方案设计，满足现场所需的承载力、刚度整体稳定性的各项需求。

（二）各种杆件的设置

剪刀撑、斜撑杆、交叉拉杆须与立杆牢固连接形成整体，达到相关标准的构造要求。

连墙件须按构造要求配置并经专业设计计算能承受住拉力、压力；同时，连墙件须与架体、建筑结构牢固连接，其设置间距须符合国家现行技术标准及专项施工方案。

在规定位置设置连墙件并随架体升高，安装不得滞后。当脚手架操作层高于相邻连墙件两步以上时，须在上层连墙件安装完毕前，通过计算或按专项施工方案要求，采取有效的临时连接、紧拉等措施。连墙件须与脚手架逐层拆除，不得先拆除整层或数层的连墙件，再拆除架体。

在架体作业时，不得随意拆除基本杆件、连墙件与安全防护设施；如作业需要拆除，须经技术管理人员同意，在经有效设计、计算复核后，采取必要的加固补强措施与补设安全措施。

（三）脚手架上的荷载要求

脚手架上的荷载不得超过设计荷载，严格按规定控制垂直运输设施与脚手架之间转运平台的铺板层数、荷载，不得任意增加铺板层的数量及在转运平台上超载材料。严禁将脚手架上的模块、支撑架、缆风绳、泵管、卸料平台、附着件等随意固定。

（四）附着式升降脚手架的特殊要求

附着式升降脚手架须按竖向主框架所覆盖的每个楼层按方案设计要求设置一道附着支座，并须将防倾、导向装置设置在支座上；附墙支座须采取锚固螺栓与建筑物连接，受拉螺栓、螺母须达到设计规定要求。

附着式脚手架，其架体高度、宽度、支承跨度、水平悬挑长度与架体全高、支承跨度的乘积等要求须按国家现行行业标准《建筑施工工具式脚手架安全技术规范》（JGJ 202—2010）中规定的有关要求。

附着式升降脚手架须配置防倾覆、防坠落、同步升降控制功能的结构安全装置，升降过程中须配置专业管理人员对脚手架作业区域采取有效监护，每次提升须经检验，合格后方可正常施工操作。

附着式脚手架与建筑物相连处的强度须达到专项设计计算要求，并在其使用过程中须符合产品设计指标规定范围的要求。

第三节　加强扣件管理　减少脚手架事故

脚手架工程是建（构）筑物在施工时必须进行的辅助项目。这些年发生的有些施工坍塌事故是由于模板支撑部分脚手架扣件的断裂、螺母脱扣，使支撑钢管受力弯曲，支撑体系失稳造成的。从行政管理手段、技术措施等层面分析事故；同时，必须强化检查薄弱环节，去除隐患，实现无缝隙监管体系。

扣件是扣件式钢管脚手架在施工中必须大量使用的部件，是外形最小、关键的受力节点。下面对扣件引发的安全事故进行原因分析、阐述。

一、法律、法规、技术规范

国家的方针、法律是工作的方向与目标，国家、省级行政区颁布的强制性规范、标准等法规、技术规定是必须贯彻执行的具体技术范畴。目前，有关钢管脚手架与扣件的国家、省颁布的法规、技术规定主要有：

1. 国家法律、法规及有关规定

（1）《中华人民共和国建筑法》1998年3月1日起施行。

（2）《中华人民共和国安全生产法》2014年12月1日起施行。

（3）《建筑工程安全生产管理条例》2004年2月1日起施行。

2. 技术规范

（1）《建筑施工安全检查标准》（JGJ 59—2011）。

（2）《施工企业安全生产评价标准》（JGJ/T 77—2010）。

（3）《建筑施工扣件式钢管脚手架安全技术规范》（JGJ 130—2011）。

（4）《钢管脚手架扣件》（GB 15831—2006）。

（5）《建筑施工组织设计规范》（GB/T 50502—2009）。

（6）《建筑施工模板安全技术规范》（JGJ 162—2008）。

这些标准为建筑施工提供了重要的行政、技术支撑。

二、扣件式钢管脚手架及扣件

（一）扣件式钢管脚手架的组成及设计要求

扣件式钢管脚手架是指使用脚手架材料（杆件、构件和配件）所搭设的满足施工要求的各种临设性构架。其按类别分为操作脚手架、防护用脚手架、承重（支撑）用脚手架。

1. 钢管

钢管的一般尺寸为 $\phi48mm\times3.5mm$，依据钢管在脚手架中的位置与作用的不同，钢管分为立杆、纵向水平杆、横向水平杆、连墙杆、剪刀撑、水平斜拉杆等。脚手架在搭设时要求外架超出建筑物总的高度为：1.5m，立杆间距一般不大于 2.0m，连墙杆不少于三步二跨，双排脚手架设剪刀撑与横向斜撑。在脚手架两端及中间部位每间隔 6m 应设一道剪刀撑，用以增强其纵向的稳定性。在高度方向，每隔 6m 左右与建筑拉结和横撑一次，以防止脚手架向外倾倒。连墙杆要求必须采用可承受拉力和压力的构造。具体尺寸应符合国家现行标准《建筑施工扣件式钢管脚手架安全技术规范》（JGJ 130—2011），或专项设计的要求。

2. 底座

钢板和钢扣件式钢管脚手架的底座应用于承受脚手架立柱传下来的荷载，用可锻铸铁管焊接制作而成。

3. 脚手板

脚手板是在可提供施工操作条件的同时要承受和传递荷载给纵横水平杆的配件。各种定型冲压钢脚手板、焊接钢脚手板、钢框镶板脚手板以及自行加工的各种形式金属脚手板，自重均不宜超过 0.3kN，性能应符合设计使用要求，且表面应具有防滑、防积水构造。使用大块铺面板材（如胶合板、竹笆板等）时，应进行设计和演算，确保满足承载和防滑要求。

（二）扣件的技术要求、分类与试验条件、方法及主要检测设备手段

1. 扣件的技术要求、分类

（1）概念

扣件为杆件的连接件，可分为可锻铸铁或铸钢铸造扣件和钢板压制扣件。

（2）技术要求

扣件应按规定程序批准的图示标准进行生产，必须确保节点不变形，是架子稳定的关键所在。采用的扣件，在螺栓拧紧扭力矩达 65N·m 时，不得发生裂纹破坏。严禁使用加工不合格、锈蚀和有裂纹的扣件。更具体的材质、扣件力学性能、外观和附件的质量要求应严格按国家标准《钢管脚手架扣件》（GB 15831—2006）执行。

（3）分类

钢管之间靠扣件连接，有直角扣件、旋转扣件、对接扣件及根据防滑要求设计的非连接用的防滑扣件等。

2. 试验条件、方法

（1）试验条件

试验扣件应满足《低压流体输送用焊接钢管》（GB/T 3091—2015）中对公称外径、壁厚的要求。

（2）直角扣件（十字扣）的力学性能试验方法

直角扣件是用于两根呈垂直交叉钢管的连接，包括直角座、螺栓、盖板、螺母、销钉和垫圈。

直角扣件要做抗滑性能试验、抗破坏性能试验与扭转刚度性能试验，其方法及数据应严格按《钢管脚手架扣件》（GB 15831—2006）的具体要求进行。

（3）旋转扣件（回转扣）的力学性能试验方法

旋转扣件用于两根呈任意角度交叉钢管的连接，包括螺栓、铆钉、旋转座、盖板、螺母、销钉和垫圈。

扣件安装在两根互相垂直的钢管上，横管长 2000mm 以上，在距中心 1000mm 处的横管上加荷载 P，在无荷载端距中心 1000mm 处测量横管位移值 f。抗滑性能试验与破坏性能试验、方法及数据应严格按《钢管脚手架扣件》（GB 15831—2006）的具体要求进行。

（4）对接扣件（筒扣、一字扣）与防滑扣件的力学性能试验方法

对接扣件用于两根钢管的对接连接，包括杆芯、铆钉、对接座、螺栓、螺母、对接盖和垫圈。

对接扣件要做扣件承受等速增加的轴向拉力、测量位移值 Δ 的试验，其方法及数据应严格按《钢管脚手架扣件》（GB 15831—2006）的具体要求进行。防滑扣件应满足直角扣件的实验要求。

3. 主要检测设备手段

现在检测机构主要使用某机械电子有限公司制造的钢管脚手架扣件力学性能试验机。

三、扣件的监管现状、实际的检测设备手段与改进方略

（一）扣件的监管现状、实际的检测设备手段

在目前的建筑市场中，扣件非标情况很多。施工中为降低成本多为租赁的重复使用的扣件；实际的检测使用榔头砸来判断，凭感觉、经验。而不去有此设备的专门检测机构进行检测。即便是省会城市也只有 1～2 家检测机构有专门的检测设备，但设备长期闲置。物价部门也未制定专门的收费标准。

（二）改进方略

（1）按照《钢管脚手架扣件》（GB 15831—2006）的抽样方案，281～500 个抽检 8 个，501～1200 个抽检 13 个，1200～10000 个抽检 20 个的标准。扣件式钢管脚手架的用量估算为 75～85 个/（100m²）（建筑面积）。某市 2009 年上报的主要竣工总建筑面积为 151.8051 万 m²，按扣件用量为 80 个/（100m²）（建筑面积）的保守计算，约有 121.44 万个未经抽检的扣件流入建筑施工现场。

（2）施工企业在施工现场必须使用符合国家标准的扣件，必须具备：

①"四证，一报告"（即生产许可证、产品质量合格证、安监证、准用证、

专业检测单位测试报告）；

②铸铁扣件不得有裂纹、气孔，不宜有疏松、砂眼或其他影响使用性能的铸造缺陷，并应将影响外观质量的粘砂、浇冒口残余、披缝、毛刺、氧化皮等清除干净；

③扣件与钢管的贴合面必须严格整形，应保证与钢管扣紧时接触良好；

④扣件活动部位应能灵活转动，旋转扣件与梁旋转面间隙应小于1mm；

⑤当扣件夹紧钢管时，开口处的最小距离应为5mm；

⑥扣件表面应进行防锈处理；

⑦螺栓不得滑丝。满足上述条件后，方准使用；否则，不准搭架子。施工现场应建立扣件使用管理台账，详细记录扣件的来源、数量、进出场时间、有关质量证明材料和抽样检测情况，防止不合格的扣件在工地上使用。

（3）扣件作为扣件式钢管脚手架在施工中必须大量使用的部件，是外形最小、关键的受力节点。事关整个架体结构的安全。从"安全第一、预防为主、综合治理"的角度出发，特别是在超过一定规模的危险性较大的分部分项工程，搭设高度在50m及以上的落地扣件式钢管脚手架等工程中，须进行专家论证，其重要性要尤为引起高度重视。

需要引起高度关注的事项：

①严禁使用无"四证，一报告"的扣件；②在扣件上的混凝土与砂浆附着物严禁用大火烧烤清除；③锈蚀扣件螺母严禁用电焊与乙炔烧割；④对于锈蚀严重的扣件严禁用酸性液体浸泡；⑤拆卸扣件严禁猛击、硬拧与高处抛掷；⑥对于跨年度架体扣件螺母部位要涂抹黄油防锈蚀。

四、结语

面对因扣件引起的施工安全事故，要综合治理，用法律、行政、技术等手段多管齐下，开展针对扣件的集中稽查与专项整治工作，彻底消灭扣件的初始缺陷。将此工作内容作为上级主管部门考核下级部门的重要指标之一。人为原因造成的监管真空和死角是管理者的失责。在现在的安全管理模式中，更要积极改革，探索新思路、新办法、新手段。

实现安全无缝隙监管体系，最大化降低事故发生的概率，是我们的责任与目标。这是建筑业实践科学发展，打造安全文化氛围的坚实基础。

第四节　模板支架施工

一、概念、主要分类、特点与主要应用范围

（一）概念

模板工程是指新筑混凝土成型的模板与支承模板的一整套构造体系。模板工程

通常由模板、支架和连接体三部分组成。模板是指直接接触现浇混凝土的可以确定控制其预定尺度、造形和准确位置的构造部分；桁件、桥架、连接件、金属件与工作便桥等支持、固定模板的部分组成支承体系，主要用于解决结构施工问题。

（二）模板工程的主要分类

1. 依照模板所用材料的材质，模板主要分类

（1）大模钢模板；（2）压型钢模板；（3）组合钢模板；（4）木模板；（5）复合材料模板；（6）塑料模板；（7）木模板；（8）组合铝合金模板。

2. 依照构造方式，模板主要分类

（1）柱模板；（2）基础模板；（3）墙模板；（4）楼板模板；（5）楼梯模板；（6）梁模板。

3. 依照施工方法，模板主要分类

（1）现场装拆模板；（2）固定式模板；（3）移动式模板。

（三）特点与主要应用范围

1. 基础模板

基础模板为高度较小而体积较大，用于建筑工程基础部位的模板支架体系。

2. 柱模板

柱模板为断面尺寸不大而高度较大，用于建筑工程柱子的模板支架体系。

3. 墙模板

墙模板为平面尺度高大，保证墙体施工达到抗弯、抗剪要求的模板，是用于建筑工程墙体的模板支架体系。

4. 梁模板

梁模板为满足梁跨度大，宽度小且高度大的特点，是用于建筑工程梁部位的模板支架体系。

5. 楼板模板

楼板模板的面积大而厚度不大，侧向压力较小，格栅支承在梁侧模板之外的横档上。楼板模板及支撑系统要保证能承受混凝土自重和上部的施工荷载，保证板不变形，不下弯，用于建筑工程的楼板模板支撑体系。

6. 楼梯模板

楼梯模板与楼板模板相似，存在有支设倾斜、有踏步的部分，施工过程顺序为先安装平台梁板模板，再装楼梯斜梁和楼梯板底模板，装楼梯外帮侧板，最后为装踏步侧板。楼梯模板用于建筑工程楼梯部位的模板支架体系。

二、主要管理控制措施

（一）记录、档案管理

严格管理进场配件的验收记录、合格证、扣件抽样复试报告、模板工程验收

记录、拆批手续、日常检查与整改记录。

（二）专项施工方案

建筑工程专项施工方案须按国家、省有关部门现行的模板工程及支撑体系范围组织专家论证。

（三）技术方案

根据模板工程的类型与组成，强化其管理的技术方案，在专项施工方案实施前，须进行严格的技术交底，并有完整的文字记录；同时，模板支架要采取如下细化主要管理措施。

（1）模板支架基础须平整坚实，承载力达到专项技术方案及有关现行技术规范、标准的要求。

（2）支撑体系底部排水要及时有序，不得积水；同时，支架设置在楼面结构上部时，须对其楼面结构的承载力进行负荷验算，根据其情况楼面结构下方采取相应的措施。

（3）模板支架在安装过程中要注意基础、柱子、梁、板、墙的安装放线，及节点顺序，如梁、板、模板的起拱高度等。墙模板采用对拉螺栓时，须准确计算螺杆的布置和直径，满足承受新浇混凝土的侧压力与其他水平荷载。

（4）吊运模板须符合国家现行技术规范、标准和专项施工方案要求。

三、主要技术控制措施

（一）规范、标准

建筑工程施工时须依据各工程的实际情况进行专业的技术设计，保证满足承载力、刚度与整体稳固要求。模板支架搭设须按国家现行有关技术规范、标准构造要求与专项技术施工方案要求进行搭设。

（二）梁

梁的跨度≥4m时，梁模板中间起拱，起拱高度为梁跨度的 $0.1\%\sim0.3\%$。

（三）楼梯模板

楼梯模板在安装过程中，要严格控制每层楼梯的高度，特别是最上一步与最下一步的高度。

（四）满堂脚手架

满堂脚手架中扫地杆的间距与立杆伸出顶层水平杆中心线至支撑点的长度须满足国家现行各有关规范、标准及现场技术要求。严格在纵、横向按照步距要求连续设置水平杆，在纵、横向位置的立杆底部设置扫地杆，牢固连接水平杆、扫地杆与相邻立杆。

满堂脚手架要架体均匀，对称设置剪刀撑、斜撑杆、交叉拉杆；同时，要与架体牢固连接，形成有效的整体，其跨度、间距达到国家现行相关技术规范、标准的要求。

（五）可调托撑

可调托撑承担顶部施工荷载向立杆的轴心传力。其伸出顶层水平杆的悬臂长须符合国家现行有关规范、技术标准的要求。插入立杆长度部分须≥150mm，立杆钢管与螺栓外径的间隙须≤3mm。

（六）支撑高架比

当支撑架高宽比超过规范要求（大于3）时，应通过将架体与既有结构的有效刚性连接方式，即采取加宽宽度、扩大架体的平面尺寸等增加稳定性的措施。

在搭设的桥梁满堂支撑架完成后，应采用有效的预压措施进行预压。

当工况要求采用立柱-纵横梁搭设的梁柱式支撑架时，其构造应符合下列要求：

（1）立柱之间设置水平和斜向连接体系，其主要依据受力和结构特点，设置应满足立柱的长细比与稳定性的计算要求。纵梁之间的连接方式，用贝雷梁时，其两端与支承位置应采用通长横向连接方式，且间距应满足国家现行技术规范、标准与计算要求，不小于9m。

（2）当在通航水域或跨越道路等工况时，应设置防撞设施与醒目的交通标识。

（七）移动模架

当工况要求采用移动模架施工时，首孔梁浇筑完成后的模架应按照设计要求进行预压试验，计算其数据是否达标；同时，在混凝土浇筑的过程中，每完成一孔梁的施工，须对模架的整个支承系统与关键受力节点部位进行有效检查，并采取有效措施，及时处置异常情况。

当模架移动过孔时，应及时监控其运行状态，抗倾覆系数≥1.5。

（八）设置挂篮

桥梁工程中，当工况要求设置挂篮进行悬臂方式浇筑时，须达到如下要求：

在施工现场拼接完成后，按施工组合荷载的1.2倍进行荷载试验，其行走滑道铺设达到平顺，铺固达到稳定的要求；在人员行走前须检查行走、提吊、模板、张拉操作平台等系统是否正常。

混凝土强度达到规定要求后方可进行挂篮的正常移动，在墩的两侧，挂篮要做到对称平稳移动，及时锁定就位后的位置，检查核对每次就位后的情况。

（九）液压爬模

当采用液压爬模防坠装置时，应做到整体可靠，摊铺灵敏，其下坠制动距离≤50mm；上升状态的爬模，其用于曲承载体受力的混凝土强度须达到设计要求。

（十）液压滑动模板施工应符合的要求

液压提升系统的主要部件提升架、操作平台须满足实际工况所需的刚度、承载力，且液压提升系统所需的千斤顶、支撑杆的数量、布置方式、模板的滑升速度、混凝土出模强度须符合国家现行标准《滑动模板工程技术标准》（GB/T 50113—2019）与专项施工技术方案等规定的要求。

（十一）支撑架

支撑架严禁与施工脚手架、施工起重等设备、设施等相连接；对支撑架的地基基础、架体结构须根据技术方案设计与国家现行相关技术标准规定进行验收，合格后方可正常使用。

（十二）模板作业层的施工荷载

模板作业层的施工荷载不得超过设计的规定值，并且要有详细的限载标识；支撑受力阶段，不得拆除构配件。

（十三）大模板

大模板在竖向布置时，要有足以抵抗风荷载的安全措施；吊装就位后的竖向模板要及时进行拼装，竖固对拉，并且布置侧向支撑、缆风绳等。

（十四）支撑架

支撑架在使用期间，其监测数据应在正常范围内，方可进行正常施工；浇筑混凝土时，支撑架下部范围内严禁人员行走、作业、停留；混凝土浇筑与支撑架拆除顺序应按专项施工技术方案及国家现行技术规范、标准规定要求进行。

（十五）高支模

高支模的工程项目，其专项施工方案编制技术要点的主要注意事项如下。

（1）明确介绍工程不同区域采用的模架体系，高支模区域的架体类型规格、搭设高度、钢管立杆、基础、地基处理状况，后浇带支模架等。

（2）编写高支模与相邻非高支模区域的结构施工图方案，以更好地衔接与全面考量；同时，绘制具有标准详细尺寸的高支模及相关区域的模架立杆平面布置图、梁板支架剖面图、架体剪力撑、斜杆布置图、梁测模对拉螺栓剖面图。

（3）应详细介绍不同区域高支模架体的构造、钢管立杆规格、布置向距、水平杆步距、立杆顶部自由端长度、扫地杆高度、剪力撑（斜杆）设置的跨度、角度、水平杆的抱柱与顶梁墙体措施、相邻高支模区域的模架支撑情况、支撑架立杆配管；同时，精确计算梁下、板下的支架立杆的搭设高度是否足尺，立杆竖向高度（模数）的具体排列。

（十六）主要控制事项

扣件式钢管脚手架、碗扣式钢管脚手架、承插型轮扣式钢管脚手架、承插型盘扣式钢管脚手架、键插接式钢管脚手架的主要控制事项如下：

1. 木模板支撑体系

（1）应严格按照国家现行技术规范、标准和专项施工技术方案的要求进行设置。

（2）支撑体系的所有杆件应涂防锈漆；搭设完成，需经验收合格后方可投入使用，并张挂验收示意牌。

2. 组合铝合模板支撑体系

应严格按照国家现行技术规范、标准和专项施工技术方案的要求进行施工；在其搭设完成后必须经检验合格后方可投入使用，并张挂验收示意牌；如早拆模板，其支撑系统应保证具有足够的承载力、刚度、稳定性。

3. 后浇带支撑体系

应严格按照国家现行技术规范、标准和专项施工技术方案的要求进行施工；其支撑体系应与模板支撑体系同时搭设，一次成型，严禁拆除后再次搭设；同时，后浇带支撑体系搭设完成后，必须经验收合格后方可投入使用，并张挂验收牌。

第五节　施工用电

一、概念、主要内容

（一）概念

施工用电是建筑工程施工现场为完成施工任务而临时架设的用电系统。

（二）主要内容

依据国家现行建筑工程施工安全检查标准与现场要求，施工用电的主要内容如下：

（1）保证项目：外电防护、接零保护与防雷，配电线路、配电箱与开关箱；

（2）一般项目：配电室与配电装置、现场照明、用电档案。

二、主要管理控制措施

建筑工程施工用电具有用电设备种类多、电容量大、工作环境不固定、露天作业、临时使用多等特点。如果在电气线路的布设、电缆型号、规格等的选配、电路设置等方面存在不合规行为，极易引发触电伤亡事故，这是建筑施工的四大伤害之一。

（一）规范

根据建筑工程施工现场情况与国家现行标准《建设工程施工现场供用电安全规范》（GB 50194—2014）等相关规范要求，制定现场有关管理措施。

（二）施工组织设计

现场勘测电源的进线、变电所、配电室及装置，用电设备位置、走向，负荷计算；确定变压路、配电系统的设计，绘制施工用工程总图，配电装置布置图，配电系统接线、接地装置图，防雷装置、防护措施，系统安全用电及电气防火措施；在其基础上绘制建筑工程施工组织设计。

（三）主要相关管理要求

（1）施工现场配电系统的保护零线材质，规格型号、色彩标记；接地、重复接地、材料、设置方式、安装；物料提升、施工升降、起重机、脚手架防雷等措施应符合国家现行规范、标准的要求。

（2）线路防护设施、配电设备，相线材料与相序排列、档距、线路的设施等与邻近线路或固定物间距应符合国家现行规范、标准要求，并应在相应位置悬挂明显警示标志。

（3）电缆应符合国家现行规范、标准要求，并不得在地面明设或沿树木、脚手架等布设。

（4）以下内容应符合国家现行有关规范、标准的要求：漏电保护器、防护设施与外电线路的安全间距，配电箱零线端子板的设置及连接，箱体结构、箱内电器布置、安装位置，高度与周边通道；分配电箱及开关箱，开关箱与用电设备的间距；设门锁的部位应采取相应的防雨、防潮措施等。

三、主要技术控制措施

（一）保护系统

建筑工程施工现场专用的电源中性点直接接地的低压配电系统要采用 TN-S 接零保护系统；同时，施工现场须采用同一保护系统；工作接地与重复接地、静电接地、电磁感应接地、防雷接地应达到国家现行技术规范、标准配置要求。

（二）防雷

防雷接地机械上的电气设备，保护零线要重复接地；配电系统要采用三级配电，二级漏电保护系统，用电设备要设专用开关箱，须满足"一机一闸一漏一箱"要求；线路及接头应保护机械强度与绝缘强度，线路要设短路、过载保护且截面达到负荷电流要求；工作接地电阻小于 4Ω，重复接地电阻小于 10Ω。

（三）间距要求

室内明敷主干线距地面高度小于 2.5m，分配箱与开关箱的距离小于 30m，开关箱与用电设备小于 3m；现场照明用电与动力用电分设。

（四）用电设备要求

用电设备要有应接保护零线并有各自专用的开关箱，配电箱、开关箱电器保护完好且进出线清晰；箱体要设置系统接线图、分路标记。

（五）配电室与自备电源的布设要求

一是在配电室应设置工地供电平面图、系统图、警示标识，并配置适用工地所用的电气火灾灭火设施；二是配电室、控制室要达到自然通风状况良好，并采用防止雨雪、动物侵入、进入的有效措施。

（六）现场照明电的布设要求

一是灯具与地面、易燃物间的距离，照明线路，安全电压线路的布设要符合国家现行专业技术规范、标准的要求；二是照明灯具的金属外壳须与 PE 线相连，照明开关箱内须设置隔离开关、短路与过载保护电器、漏电保护器；灯具内的接线须平靠，并且灯具外的接线须保证有可靠的防水绝缘外包扎；三是对于存在夜间影响飞机（航空物）的在建工程与机械设备，须设置符合国家现行技术规范、标准的红色信号灯等装置。

第六节　起重机械与吊装

一、起重机械与吊装工程的概念、主要分类、特点与主要应用范围

（一）概念

在建筑工程施工中，采用相应的机械设备与有关设施来完成结构吊装和设施安装固定的工程活动。起重机械是设备名称，起重吊装是操作过程。

（二）主要分类

1. 起重机械常用的工程设备

①流动式起重机；②塔式起重机；③门式起重机；④架桥机；⑤施工升降机；⑥物料提升机；⑦缆索起重机等。

2. 依照吊装的对象范围划分

① 分件吊装：将建筑物、构筑物的各个构件依次吊装；

② 整体吊装：将地面上的各个构件装配成整体结构再进行吊装。

（三）起重机械的主要特点与主要应用范围

1. 流动式起重机

机动性好，适用范围较广，场地转移方便；对场地、道路要求高，台班费用也较高；适用单价高、质量大的中大型构件、设备的吊装，作业周期相对较短。

2. 塔式起重设备

提升高度足够，工作幅度和工作空间较大；可以同时进行水平、垂直运输，可以高效完成吊、运、装、卸在三维空间中的连续作业。司机在操作中视野开

阔，操作方便；可靠性强、结构简单、维护费用低且简易；主体结构体积较大，自重大，安装工作量大，拆卸、转移不便；轨道式的塔式起重机轨道基础的建设费用较大；塔式起重设备广泛应用于有施工进度快、工期短、工程造价节省等方面要求的工业与民用建筑。

3. 门式起重机

门式起重机也称龙门起重机，是桥架通过两侧支腿支撑在地面轨道上的桥架型起重机，是桥式起重机的一种变形。通常其主体结构由门架、大车运行系统、起重小车与电气部分等系统组成，具有设计紧凑、装载效果平稳快速、安全可靠、故障率低等特点，主要用于室外的货场、料场、不需封闭的钢结构车间，可用于货物高度的起升，使用、维护、拆卸安装便捷，在保养完好的状态下可以二次使用，应用于固定场地。门式起重机在室外易被雨水侵蚀生锈，易受风力影响，轨道中易出现安全隐患，防腐、加油、保养、维护须及时。

4. 架桥机

架桥机就是将预制好的梁片构件放置到预制好的桥墩上的设备。与一般意义上的起重机存在很大不同，架桥机按应用范围分为公路架桥机、常规的铁路架桥机、客专铁路架桥机等。按项目类型划分为公路架桥机与高速公路架桥机，铁路架桥机与高速铁路架桥机。门式架桥机按照支腿形式又分为蛙式支腿、X形、H形。当架桥机的跨度超过30m时，按照行走方式分为步履式架桥机和轮轨式架桥机，按照纵导梁形式分为双导式架桥机和单导式架桥机。

架桥机的安全性和可靠性比较持久，在正常养护情况下可以保证其状态良好地使用。当桥架采用箱形主梁时，采用自动埋弧焊接；操纵室视野开阔，操作舒适度高，主要应用于市政桥梁的建设。

5. 施工升降机

施工升降机也称为施工电梯，施工升降机包括施工平台。单纯的施工电梯是由工作笼（吊笼）顺着导轨作用垂直或倾斜运动的工作机械。施工升降机的具体型号有齿轮齿条式、钢丝绳式、混合式、双吊笼式。

具体特点有设计合理、运行平稳、安全可靠、维修方便、可以定制；主要用于投运建筑工程高层建筑施工人员的物料。

6. 物料提升机

物料提升机以卷扬机为驱动力，以底架、立架、天梁为架体，以钢丝绳作为传动介质，以吊笼（吊篮）为工作装置，在架体上装设滑轮、导轨、导靴（确保桥箱和对重沿着导轨上下运行的装置）、吊笼、安全装置等与卷扬机配套构成一完整的垂直运输体系。按导轨架结构形式分为龙门架式（双立柱）与井架式（单柱），产品机型有单柱单笼、单柱双笼、双柱单笼三种。按照提升结构特征分为卷扬机驱动（不设置对重）和曳引机驱动（设置对重）两种。按照导轨架设方式特征分为自升式（设置自升平台）和非自升式（不设自升平台）两种。自升式提升高度的范围为 30～150m，专设操作室，有监控；非自升式提升高度的范围为 30m 以下，设专门开卷扬机的操作人员，用钢丝绳提升。

主要特点：驱动功率小，无效功率少；密封性强，环境污染少；可以达到可靠的运行，提升高度较高；使用寿命相对较长，机械磨损较少；只用于货运，操作人员在地面。

7. 缆索起重机

缆索起重机指挂有取物设备的起重小车沿着架空承载索运行的起重机。

主要特点：起升高度大、起重作业跨度较大、作业范围较广，可以有效发挥其他起重机械所发挥不了的在特定条件下的特定作用。

主要应用范围：港口设施、货物的搬运，渡槽架设，可依据施工现场的实际情况，确定其不同形式、吨位。

（四）吊装的主要特点与应用范围

对吊装的活动范围与所吊装的物质而言，所吊物件的数量、重量可大可小，可比较集中吊运，可应用于场地比较狭窄的作业空间；同时，难度大，易出事故，起吊后一般都处于动态的状况。主要应用于建筑工程施工活动的各个过程，如开工准备、基坑、主体工程施工、装饰装修、场地管线、市政道路施工等。

二、主要管理控制措施

（一）规范、标准

起重机械的使用、管理符合国家、行业现行的规范、标准要求。起重机械须具备生产厂家生产许可证、产品合格证、特种设备制造监督检验证明、备案证明、自检合格证明，及安装使用说明书等。

（二）制度建设

要建立、完善有针对性的安全生产责任制、施工组织设计及专项施工方案，安全教育、检查、制度、应急救援体系。完善分包单位的安全管理、持证上岗、生产安全事故处理、安全标志等制度。

（三）管理要求

起重机械的备案、租赁、安装、拆卸、验收符合国家现行管理、技术规范、标准要求。起重机械按规定要求办理使用登记，其基础、附着要求等符合使用说明书与专项施工方案要求等。

（四）设备要求

起重机械的主体结构、零部件、电气设备线路和元件应符合国家现行有关规范、标准要求。

（五）使用要求

起重机械的安装、拆卸、顶升及使用前须向相关的作业人员进行安全技术交底，工作管理须扎实有效。

（六）检修、保养要求

起重机械须定期检查、维修、保养，且须符合国家现行规范、标准及相关技术要求。

三、主要技术控制措施

（一）规范、标准

主要起重机械有流动式起重机、塔式起重机、门式起重机、架桥机、施工升降机、物料提升机、缆索起重机等。它们的选用须严格执行国家现行的建筑工程施工安全技术规范、标准。

（二）安全保护装置

安全保护装置分为机械部分安全保护装置与电器部分安全保护装置等。其灵敏度、可靠度、主要承载结构及结构件的螺栓连接、销轴等要求达到完好、有效。

起重机械的主要机械部分安全保护装置有四限位（高度限位、幅度限位、旋转限位、行程限位）、二保险（吊钩、卷筒）、二限制（力矩限制器、起重量限制器）、小跑车短绳保护装置。安全保护装置须配置成有效齐备状态，不得随意拆除、调整，严禁利用限制器与限位装置替代操纵装置。

（三）各机械部分安全保护装置量化的初步处置办法

各机械部分安全保护装置量化的初步处置办法见表3-1。

表 3-1 各机械部分安全保护装置量化的初步处置办法

	作用	①防止吊钩碰撞起重臂下面的小车； ②吊钩距地面0.8m时必须停车，不得接触地面
	主要病灶	①调整不准确； ②线路断开失灵； ③高度限位器失灵，不起作用
1. 高度限位器 （起升高度）	解决发现病灶 问题的初步措施	①每班上车前检查； ②试运转； ③接出线路连接正确； ④重新调试
	日常的管理与 技术措施	①每班司机按时做好日常维护、检查； ②每班开车前进行试运转
	备注	每班塔式起重机司机按规定做好"日志记录"

续表

2. 幅度限位器（小车变幅限位器、小车变幅止挡）	作用	①防止小跑车向前运行，距起重臂 0.5m 时停车； ②小跑车退回距根部 1m 左右停车	
	主要病灶	①调整不准确； ②线路连接断开； ③吊运中不起作用	
	解决发现病灶问题的初步措施	①每班司机开车前，首先进行试运转； ②仔细检查线路连接情况； ③按规定，司机做好日常保养维护	
	日常的管理与技术措施	①每月进行定期检查、做好记录； ②按规定，司机每班做好日常、检查、维护	
	备注	每班塔式起重机司机按规定做好"日志记录"	
3. 旋转限位器（回转限位器）	作用	按规定向左、向右分别旋转 1.5 圈，超过时自动断电	
	主要病灶	①旋转 1.5 圈限位不准确； ②线路断开，旋转空转缺油存在异常	
	解决发现病灶问题的初步措施	①调整准确，检查线路连接； ②按规定进行润滑加油	
	日常的管理与技术措施	①加强塔吊日常维护，强化保养制度； ②定期（每月）进行全面检查	
	备注	每班司机开车前试运转，做好记录	
4. 行程限位器	作用	①铺导轨的塔式起重机，在距导轨两端的端头 2m 处设置行程限位器的三角碰铁； ②不铺设导轨的塔吊不存在	
	主要病灶	①行程限位器损坏、轨道滑铁丢失； ②行程限位器调整不当	
	解决发现病灶问题的初步措施	①轨道两端头设止挡、行程碰铁，并进行检查调整； ②每班司机仔细检查轨道有无异常	
	日常的管理与技术措施	①司机认真做好日常维护、保养、检查、润滑、紧固工作； ②每月定期全面检查，做好记录	
	备注	遇到风暴雨后做全面的轨道检查，查看有无下沉或其他异常现象	

续表

5. 吊钩（防脱钩装置）	作用	①防止钢丝绳跳出发生事故； ②防止钢丝绳脱钩
	主要病灶	①吊钩防脱装置损坏； ②吊钩磨损严重； ③吊钩无涂安全色
	解决发现病灶问题的初步措施	①吊钩及时修整，装配脱绳装置； ②吊钩必须涂黄黑安全色； ③按规定检查吊钩，是否达到报废标准
	日常的管理与技术措施	①每月定期全面检查吊钩防脱装置； ②吊钩在吊运中，在任何情况下不准接触地面
	备注	每半年对吊钩做全面检查，做好记录
6. 卷筒（钢丝绳防脱装置）	作用	①连接螺栓紧固保证安全可靠； ②防止卷筒位移
	主要病灶	①卷筒稳定销断开，卷筒出现位移； ②卷筒底座固定螺栓松动； ③卷筒钢丝绳防脱装置损坏、开裂
	解决发现病灶问题的初步措施	每班司机必须仔细检查卷筒是否有位移的痕迹或现象等，要及时解决处理不紧固问题，保证状态完好
	日常的管理与技术措施	①司机做好日常维护、保护、检查； ②每月定期做全面的检查，发现异常及时解决，保证卷筒状态完好
	备注	①稳定销的作用是防止卷筒位移； ②加强日常检查、维护、保养，做好记录
7. 力矩限制器	作用	在起重臂的后面，超载时往前倾断电，防止塔式起重机倾覆，发生事故
	主要病灶	①安装调整不准确； ②金属构件变形，焊缝开裂； ③线路断开，不起作用
	解决发现病灶问题的初步措施	①重新调整，误差在8%之内； ②金属构件修整，焊接牢固； ③线路连接完好
	日常的管理与技术措施	①每班司机开车前仔细检查金属构件是否变形，焊缝是否开裂； ②每月定期做全面检查，做好日志记录
	备注	安装塔式起重机，拆卸时，防止碰撞变形、损坏

8. 起重量限制器	作用	①吊重不得超载; ②超载达到90%自动断电,报警
	主要病灶	①调整不准确; ②线路断开,吊起时不起作用; ③封闭不好,雨水腐蚀严重
	解决发现病灶问题的初步措施	①重新调整,误差在±5%之内; ②仔细检查线路连接是否完好; ③做好防雨水保护,严丝合缝
	日常的管理与技术措施	①每班司机做好日常检查、维护; ②每月定期做全面检查,出现异常及时处理
	备注	每月安装塔式起重机必须重新调整
9. 小跑车断绳保护装置	作用	为防止小跑车溜车,距起重臂端头0.8m(0.5m)时自动断电
	主要病灶	①小跑车钢丝绳头松动; ②焊缝开裂; ③棘轮损坏
	解决发现病灶问题的初步措施	①日常检查小跑车钢丝绳; ②及时补焊裂缝; ③更换棘轮
	日常的管理与技术措施	①每班司机做好日常检查、维护; ②每月定期做全面的检查,发现异常及时处理,做好记录
	备注	新安装塔吊小跑车钢丝绳固定端头,保证运行安全可靠

(四)塔式起重机的机械部分安全装置

塔式起重机的机械部分安全装置如图3-1所示。

(五)气象要求

在风速达到9.0m/s及以上或大雨、大雪、大雾等恶劣天气时,严禁进行建筑起重机械的安装拆卸作业。

(六)起重机械与架空输电导线

起重机械的任何部位与架空输电导线的技术要求应符合国家现行行业标准《施工现场临时用电安全技术规范》(JGJ 46—2005)等相关规定。

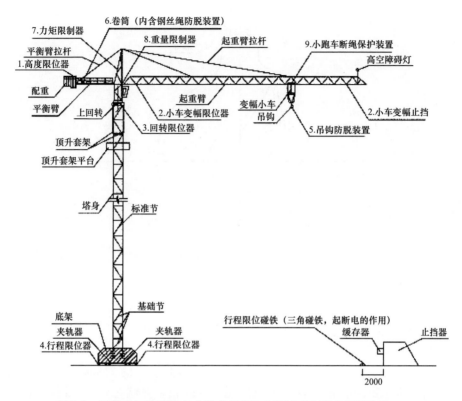

图 3-1 固定式与轨道行走式塔式起重机的机械部分安全保护装置

备注：如为轨道式塔式起重机要在底座位置根据厂家说明书的要求放置压重

（七）吊钩、吊环

1. 更换要求

建筑工程起重机械的吊钩与吊环不得补焊，当出现下列情况之一时，须及时更换：当表面有裂纹、破口，存在断面危险与钩颈永久变形，且在挂绳处断面磨损超过高度的 10%，吊钩衬套磨损超过原厚度的 5%，销轴磨损超过其直径的 5%。

2. 吊钩的报废与检查情况

吊钩有三个危险断面：垂直面、水平面、颈部（图 3-2）。

（1）吊钩的开口度达到 15% 时；

（2）三个危险断面：垂直面、水平面、颈部的危险断面磨损量达到 10% 时；

（3）吊钩每半年检查一次，通常情况下用 20 倍的放大镜检查吊钩的表面，出现裂纹时，必须报废；

（4）吊钩衬套磨损超过原厚度的 50%（半月换一次，在特定环境下应绝缘），销轴磨损超过其直径的 5% 时。

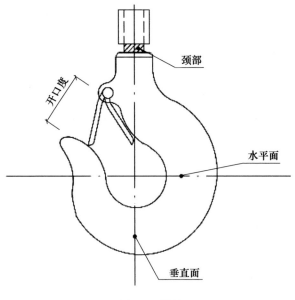

图 3-2　吊钩

（八）钢丝绳

1. 钢丝绳的磨损

钢丝绳必须报废的情况：钢丝绳磨损量超过其直径的 7％时；每一根钢丝的直径磨损量达到 40％时；钢丝绳出现死弯（即相垂直状态）时；钢丝绳芯外露时；钢丝绳出现热破坏（如电焊、烤过）状态时；钢丝绳的断丝数在每一节距内达到总丝数的 10％时；钢丝绳出现笼形畸变或钢丝绳局部直径增大、减小时；钢丝绳出现一股断开（共有 6 股）时；钢丝绳表面腐蚀情况严重时。

2. 塔吊钢丝绳

塔吊常用的钢丝绳为 6（6 股）×37（根/股）＋1（中间有一根绳芯，用油泡过的，起到防锈作用）。

3. 常用的钢丝绳

（1）6×19＋1：用作缆风绳、拉缆、吊缆；

（2）6×37＋1：用于机械起重设备、卷扬机、塔式起重机、汽车式起重机、门式起重机等；

（3）6×61＋1，用于大型的特种设备，如大坝发电机，特点：磨损次数少，利用率低，起重量大，丝绳直径大于 1.5 英寸，（1.5 英寸＝38.1mm）。

4. 钢丝绳捻制方法

①同向捻；②交叉互捻；③混合捻（为钢芯，即金属芯的材质，属于不旋转钢丝绳，即吊运货物时，货物不能旋转，如航天飞行器、精密设备、大型货轮上的起重设施等）。

(九) 影响起重机安全的三个重要部件

①钢丝绳；②吊钩；③制动器（即刹车）。须认真检查，保证它们始终处于完好状态。

(十) 塔式起重机外部

塔式起重机不允许用于喷淋、挂广告牌等，会影响力学平衡与出现漏电等情况，存在安全隐患。

四、吊装（装配式）

(一) 主要管理控制措施

(1) 建筑工程施工吊装（装配式）管理须严格执行国家现行的建筑工程安全施工管理的有关规范、标准。

(2) 起重吊装工程要编制完善的施工方案，按规定程序进行必要的审核、审批。对于超过一定规模的起重吊装工程应按规定要求组织有关专家论证，不宜抬吊的构件，在遇到特殊情况，需要抬吊时，须编制专项施工方案，进行必要的专家论证。

(3) 正式吊装前，起重机械设备要处于完好的状态。吊物时，首先检查吊具，选择好吊点，掌握重心点的平衡，组织吊装人员选出指挥人员一名，并派专人检查所使用的吊具、索具；其次，对于重要的临时支撑体系，吊装作业平台要进行验收，须达到专业设计和相关规范的要求。

(4) 吊装机械须进行入场验收，应安装荷载限制，行程限控装置须做到灵敏有效。

(5) 起重扒杆组装后，应及时履行验收程序，责任人在验收表上签字。吊装前要对吊装作业环境进行检查验收，并对吊车支腿、重要临时支撑体系的地基承载力进行检查验收。

(6) 当起重机械作业时，人员不得停留在起重臂的下方，被吊物质不得从人的正上方通过；同时，起重机与架空线路的安全距离应符合国家现行相关规范要求。

(二) 主要技术控制措施

(1) 建筑工程施工吊装（装配式）技术控制须严格执行国家现行的建筑工程安全施工技术规范、标准的要求。

(2) 当风速达到 12m/s 及以上或遇大雨、大雪、大雾等恶劣的气候气象或风力大于五级时，须立即停止露天的起重吊装作业。在雨雪后开展吊装工作时，先及时清理场地的积水、积雪，并应采取相应的有效防护措施，先试吊再作业。

(3) 要使用专用吊笼，用于吊运易散物件；在夜间施工时，保证照明亮度。

(4) 用于绑扎所用的吊索、卡环、绳扣等的规格要求须按现场实际情况，经计算达到使用要求。

（5）起吊开始时，首先在构件吊离地面 200～300mm 后停止起吊，重点检查起重机的稳定性，制动装置是否可靠，构件是否平衡，绑扎是否牢固等，无异后方可继续起吊。已经吊起的构件严禁在空中长久停滞。

（6）吊装预构件时，应在高空中通过缆风绳改变构件方向。

（7）构件应按安装作业程序，对准轴线校正、找平、紧牢，上垫片用双锚紧固等固定措施。使用吊装部件吊运 PC 墙板时，构件未完成定位固定前，不得松构。

（8）在装配式建筑工程施工时，要根据常用预制构件的尺寸与外形、质量，制作专用吊架来完成预制构件的吊装。预制外墙施工所使用的外挂脚手架，其预埋挂点，须经专业计算、设计，满足实际使用要求；同时，配置防脱落装置，在作业层配置操作平台。预制构件吊装到位后，要采用爬梯或移动式升降平台来完成构件顶部的摘钩作业，可用半自动脱钩部件。

（9）吊装作业区四周应设置警戒线等标识，划定警戒区域，并设专人监护，严禁非工作人员进入。塔式起重机司机要做好日常维护保养，管理人员定期检查并做好记录，发现问题及时解决。

第七节　有限空间作业

一、有限空间作业的概念、主要分类、特点

（一）概念

有限空间是指部分封闭，且出入较为狭窄，作业人员不能长时间在其内部进行施工操作，自然通风极差，容易造成有害有毒、易燃易爆的物质累积或含氧量不足而危及生命的空间，如地上有限空间、地下有限空间、密闭空间。有限空间作业是指建筑工程施工作业者进入有限空间实施作业的活动，如管道、暗挖、清除、清淤作业、容器内的焊接、涂装、防腐、防水、检修、设备与设施的安装作业等。

（二）分类

（1）地上有限空间，如垃圾站、冷库、腌渍池（腌菜池）、储藏室、温室、粮仓等。

（2）地下有限空间，如污水池、地下工程、地坑、深基坑、涵洞、暗沟、检查井等。

（3）密闭空间，如锅炉、烟道、烟膛、贮（槽）罐、压力容器、桥梁箱体等。

（三）特点

通风情况差，易造成有毒，可以造成易燃气体的积聚，缺氧窒息等。容易产

生毒害气体的燃爆及其他安全风险，诸如淹溺、高坠、物体打击、机械伤害、掩埋、坍塌、高温高湿等安全风险等情况。

二、主要管理控制措施

(一) 合同、分包管理

强化有限空间作业发包的安全管理，建筑工程施工总承包单位须委托专业分包单位进行有限空间的作业，应严格分包管理。严禁以包代管，并签订严密、完善的管理协议，分包单位须具备相应的资质及与施工安全相配套的有关设施。分包单位所承担的作业范围不得超过施工合同。

(二) 专家论证

施工单位应编制有限空间作业的专项施工方案、安全作业操作规程、技术控制措施等；同时，采取专家论证，按国家现行的相关规定组织审批和专家论证等工作，检查是否落实到位。

(三) 现场管理

施工总承包单位须部署专业技术人员进行有限空间作业的现场管理，着重检查其隐患治理情况，安全防护设施，个人使用的防护用品是否达到专业配备，是否适合有限空间的实际现场情况，各种相关的检测维护手段是否到位。

从事有限空间作业的施工单位，要建立完善的通风、照明、通信、检测设备及个人防护用品的管理制度；要符合国家标准，做到放置、保养维护、检验有效，确保正常使用。

(四) 监理

监理单位要制定严格、完善的有限空间作业专项作业监理文书，对施工单位的有限空间施工作业的专项方案进行严格审核，对相关制度是否建立、是否完善、是否落实到位进行监督；同时，对其专业分包合同、作业条件进行审查，重点对属于危险性较大的分部分项工程的有限空间作业进行旁站监理。

(五) 落实审批内容

对于有限空间实际情况编制的《建筑工程有限工程作业审批表》，须认真贯彻其内容要求，按规定流程报送单位作业负责人及监理审批，建立完善的作业台账。施工总承包单位须建立严格的有限空间作业审批制度，经审批，方可进入有限空间作业。

(六) 职责划分

参加有限空间作业的施工单位在开工前要明确作业负责人、作业人员、作业监护人员的职责划分，做到分工严谨，保证作业有序；同时，展开对作业监护人、作业人员有效的全面交底，重点对其作业的空间、可能存在的物质、类型，在此类型的作业中可能存在的有毒物质，并且此类空间可能遇到的意外情况，及时应对处置措施，救护方式等。

作业负责人的职责：首先，要掌握整个作业全过程管理中重要控制节点；其次，要确保整个作业全过程中的环境、程序、流程、设施、人员等符合要求，否则不可以开始作业；最后，需要特别注意的是作业条件中不符合安全要求时，或与原计划有出入时，应立即停止或暂停作业。

作业人员的职责：首先，要持有专业的有效上岗证件；其次，在经全面接受有限空间专业作业安全生产培训的基础上，完全熟悉掌握并严格遵守安全操作规程；最后，有限空间作业职业防护要规范，能够正确使用安全防护方面的设施，个人防护品须与所在作业空间的作业内容相匹配。

作业监护人员的职责：首先，在经全面接受有限空间专业作业的安全生产培训合格的基础上，全面掌握作业期间的情况；其次，要了解、掌握可能面临的危害或发生一些行为后果后的管理控制、处置方式；最后，做好保证监护人的交接班制度，做到持续监护，监护人要与进入有限空间的作业人员进行充分、彻底的交流，如着重注意控制的节点管理。

在作业负责人之间、作业人员之间、作业监护人员之间，具体的作业、上下传达、报警、撤离等信息要做到沟通及时、畅通、有效。

（七）警示标识、救援注意事项

要在有限空间的作业场所进行辨识并设置明显的安全警示标识。当在有限空间作业期间，突发危险状况时，须立即处置、确保安全，不得在无安全措施时盲目自救、救护。根据现场的救援条件，采取非进入式、进入式救援，要在确保救援人员人身安全的条件下进行。当处于险情的受困人员离开现场后，须迅速转移至通风良好的场地，采取有效的现场救护。当有限空间施工现场不具备自主救援的情况时，须联系社会救护"120""119"等专业救护资源，不得强行救护。

三、主要技术控制措施

（一）防护设备、防护品

各方人员要认真核实作业环境、程序，作业空间的安全防护设备与个体防护用品等配备是否齐全，在符合规定技术要求后，现场作业负责人才可允许施工作业人员进入有限空间开始作业。

有限空间施工作业人员安全防护配置的技术要求须符合国家现行的规范、标准，如《个体防护装备配备规范 第1部分：总则》（GB 39800.1—2020）、《呼吸防护用品的选择、使用与维护》（GB/T 18664—2002）的要求；同时，包括作业佩戴的安全带（绳）的要求。

（二）作业前准备、流程控制

在有限空间作业前，须严格执行"先通风、再检测、后作业"的原则，进行通风、空气置换、净化等，经专业检测合格后，方可进入。有限空间不得用纯氧进行通风换气，指标要达到国家现行技术规范、标准的要求，检测不合格或未检测不得进入有限空间进行作业。

有限空间作业要特别注意硫化氢、一氧化碳、甲烷中毒或二氧化碳浓度超标，空气缺氧等情况的发生。建立完善有效的技术管理流程，如强化空气中有害物质点采样记录表，个体采样记录表等手段。

与有限空间施工作业有关的电气配置，其技术要求须符合国家现行的技术规范、标准，如《施工现场临时用电安全技术规范》（JGJ 46—2005）。特别注意的是行灯使用的降压变压器，须选用隔离变压器，且不可置于锅炉、加热器、水箱等金属容器或严重潮湿环境处，绝缘电阻须$\geqslant 2M\Omega$，并做好定期检测。

在有限空间内存在易燃气体的，其电气须具有防爆与防静电功能。当使用超过安全电压的手持电动工具时，在其作业或进行电焊作业时，须备置漏电保护装置。在潮湿的容器中作业，操作人员应在绝缘板上，金属容器要接地可靠。

在有限空间使用的照明电压须$\leqslant 24V$；当在狭小容器、潮湿容器内作业时，作业电压应$\leqslant 12V$；在锅炉、管道、金属容器等狭窄的工作容器中，手持行灯的额定电压不得超过12V；手持行灯须配置有防电功能的绝缘手柄、金属护罩，照明装置的金属部分不得外露。

（三）人员配置

处于较狭窄的有限空间作业时，其含氧量有限，危害性较高，须尽量减少作业人员；在管道内、人工打孔桩、顶管作业等有限空间的作业人员一般不宜超过2人。

（四）监测、救护器材

采取专业检测设备对作业范围内的气体进行不间断的有效监测。当作业条件出现变化时，须立即撤离。当需要作业时，须重新办理进入有限空间作业的审批手续；在作业现场须按国家现行有关技术规范、标准的要求配置与作业电容相匹配的应急救护器材，如作业人员使用的隔绝式紧急逃生呼吸器。

第八节　拆除工程

一、概念、主要分类、特点

（一）概念

建筑工程拆除工程是指在建筑工程施工场地中，对已建成的或局部建成的建筑物、构筑物等进行拆除的工程。

（二）主要分类

（1）按拆除的程度水平划分：①全部拆除；②部分拆除。

（2）按拆除指向对象划分：①民用建筑；②工业厂房；③地基基础；④建筑工程机械设备；⑤建筑工程工业管道；⑥建筑工程电气线路；⑦建筑工程施工配套设施。

（3）按被拆的建筑构件与材料的可利用程度划分：①破坏性拆除；②保护性拆除。

（4）按照被拆除建筑物、构筑物的位置空间划分：①地上拆除；②地下拆除。

（5）按拆除的方式划分：①人工拆除；②机械拆除；③爆破拆除；④静力拆除。

（6）以危险性的程度划分：

① 危险性较大的分部分项工程范围中可能影响行人、交通、电力设施、通信设备或其他建、构筑物安全的拆除工程。

② 超过一定规模的危险性较大的分部分项工程范围中，码头、桥梁、高架、烟囱、水塔或拆除中容易引起有毒有害气（液）体或粉尘扩散、易燃易爆事故发生的特殊建、构筑物的拆除工程；文物保护建筑、优秀历史建筑或历史文化风貌区影响范围内的拆除工程。

（三）主要特点

（1）不安全隐患多。存在较大的潜在危险，被拆除的建筑物一般都存在无主要结构图、原图纸，年代久远的旧建筑物、构筑物；这些状况使制定方案存在困难，判断错误的可能性大；尤其在改建、扩建的拆除工程中，由于拆除了某一构件而造成原建筑物、构筑物的力学平衡体系受到破坏，易产生构件倾覆造成人员的伤亡。

（2）对周围环境污染，露天作业。

（3）目前存在拆除施工者整体素质较新建施工者整体素质差的现状。主要是在施工企业的等级、设备投入、技术水平、安全防护能力、安全文化建设等方面存在较大差距。

（4）工期一般较短。拆除施工单位的流动性较大，由于拆除工程的速度较新建快，所使用的各种装备、材料、人员较新建工程要少，工地的转场、项目的更迭快、流动性较大。

二、主要管理控制措施

（一）程序

按国家现行的管理程序确定拆除工程。委托相关的工程质量鉴定部门进行质量现状评估，如建筑工程使用年限已到，现状质量极危险，不能满足正常的安全使用，或拆除工程是政府要求的，拆除工程要经政府主管部门等相关部门批准后，方可实施。

（二）资质与建设单位提供资料要求

建设单位须委托有与被拆除工程相匹配资质的专业施工单位。委托拆除方须提供真实有效的各种主体结构图纸，被拆除建筑物、构筑物相关周边场地的横向、纵向各种情况的图纸、文字说明等。

（三）现场勘测

在无建筑物、构筑物相关周边场地的原图时，须委托具有与被拆除工程相匹配资质的原设计单位或相同等级资质的设计单位会同施工单位委派熟悉、掌握结构的相关专业技术人员进行现场勘测调查，测绘拆除工程需要的相关周边场地的建筑、结构、受力简图，各种设备、管线图。在有原图时，须了解、掌握是否有改建、修建等情况，并按国家现行的拆除工程相关标准、规范进行。

（四）专家论证

对于超过一定规模的危险性较大的分部分项工程范围中拆除工程中的专项方案，需要请专家论证的，须按规定程序、流程进行。

（五）生产、使用、储存有关危险品的建筑物、建构物

对当涉及设计生产、使用、储存等有关危险品的建筑物、建构物的拆除时，要经消防、安全等部门参与审核，制定完善有效的安全保证预案，拆除工程经相关部门批准后，方可实施。

（六）管线、电气线路

拆除工程施工前，须将拆除范围内主体建筑物、构筑物的各种管线、电气开关断开、线路切断，并设置醒目的警示标识、围栏，组织专人看管。

（七）拆除方案、施工组织设计

制定完善、可靠的拆除方案与施工组织设计，施工作业前须向全体操作人员进行技术交底，项目经理、班组长、工长须掌握控制点的管理，全体操作人员须清楚掌握作业要求。

（八）原各种电气线路

不得使用被拆除建筑物、构筑物中原各种电气线路。

（九）既有建筑物、构筑物

在既有建筑物、构筑物改造、装修时，在对建筑物、构筑物的有关结构进行变动与拆除时，须先请具有相应资质的工程质量检测、检验单位对房屋的现状质量进行全面鉴定后，建设单位须提供原设计单位或具有相同资质等级设计单位的设计方案。

（十）危险区域

施工单位根据拆除工程的施工组织设计或方案，操作现场的实际需要，限定危险区域，施工前通过施工审核并落实到位。在施工前，通过施工作业区域的宣传媒体，或采取告示等手段，对可能出现影响公共安全与邻近居民正常的生活情况，要做好安全可靠、到位的安全保障措施。

（十一）文明、绿色施工

拆除工程要文明施工，要绿色施工。评估拆除过程中所产生的污染对环境造成的影响，主要采取节水、节地、控制扬尘并降低噪声的措施。严禁焚烧各类废弃物，如有电焊作业时，应采用防火措施与防光措施，同时对拆除物分类，充分回收利用；苫盖封闭出入场，拆除全过程采取湿作业，清洗出入施工现场的各种车辆。完成拆除工作后，清理现场，并对裸露的场地进行硬化、绿化、覆盖等，临时占用的场地恢复原状。

三、主要技术控制措施

（一）技术程序

施工单位在开工前，要根据拆除现场的实际条件，建筑物、构筑物的规模、构造情况，国家现行的相关技术规范、标准、资料等编制施工组织设计方案。当被拆除建筑物、构筑物的建筑面积大于 $1000m^2$，须编制安全技术方案、安全施工组织设计方案。这些方案须有实际拆除工程经验的专业工程技术人员来编写，并经施工单位的技术负责人、监理单位的总监审核，批准后方可实施。在施工过程中，如情况有变，施工组织设计方案需变更，应经原审批人重新审核，批准后可实施。

（二）技术准备与实际操作

做好拆除前施工现场的各种技术准备工作。配备、配足施工现场需要的各种相关技术人员，需结构专业人员等来参加、主持把关。一般情况下，按照建筑物、构筑物建造时的反方向顺序施工。通常是由具有施工经验并且懂结构的专业人员通过对施工现场的建筑物、构筑物的精确计算，确定先拆、后拆构件的顺序。通常先拆高、后拆低，先拆非承重构件，后拆除承重构件；在屋面板屋架上进行拆除时，须注意由跨中向两端对称展开；不得在数层同时展开交叉拆除。要在保持建筑物、构筑物未拆除部分稳定的状态下，再拆除某一部分。特殊情况下，按照预先方案中的拆除工程施工设计，先补强加固后进行拆除。

（三）操作位置安全可靠

施工拆除操作人员如未处于稳定可靠的结构部位上，须另外搭设工作作业平台，严禁在屋面石棉瓦等轻质材料上施工。被拆除的楼板，不许人员聚集，不得在楼板上堆放拆除的构件与材料。对于比较大、重的构件须用吊绳、起重设备吊下，散材用溜槽等滑落方式运到低层。在拆除工程高处作业时，班组休息前，须拆除至结构的牢固部位。

（四）安全防护、气象条件

在 2m 以上的高处作业，而无可靠的防护设施时，须使用安全带。在遇六级及以上大风、大雨、浓雾、大雪的气象条件时，须立即停止拆除工程的施工作业。

第九节　现场消防管理

一、现场消防管理的概念、主要分类、特点

（一）概念

现场消防管理是指为满足建筑工程施工现场建造作业活动的安全运行，按照国家现行技术规范、标准与有关程序、方法等要求，结合施工现场的实际状况，通过计划、组织、决策、指挥、督导等管理手段，确保施工现场建造作业活动的消防安全而采取的一系列组织、协调等措施。

（二）现场消防管理的主要分类

1. 按照建筑工程施工现场场地的用途来划分

①主体施工区的消防管理；②管理办公区的消防管理；③材料仓库区的消防管理；④建筑材料加工区的消防管理；⑤起重吊装区的消防管理；⑥道路交通区的消防管理；⑦消防通道区的消防管理；⑧设施、设备区的消防管理；⑨生活区的消防管理（集体宿舍、食堂、室外活动区）。

2. 按照建筑工程施工现场承包管理负责方式来划分

①实施由总承包负责的承包消防管理；②分包单位具体承包施工现场的消防管理，并向总承包负责，服从总承包单位对其的消防管理，即分包单位现场的消防管理。

3. 按照建筑工程施工现场的类型来划分

①新建工程施工现场的消防管理；②改建工程施工现场的消防管理；③扩建工程施工现场的消防管理。

4. 按照建筑工程的等级来划分（按耐久性、耐火性、设计等级等内容）来划分

①重要建筑（使用年限 100 年以上）和高层建筑施工现场的消防管理；②一般性建筑（使用年限为 50～100 年）的施工现场消防管理；③次要建筑（使用年限为 25～50 年）的施工现场消防管理；④临时建筑（使用年限在 15 年以下）的施工现场消防管理。

5. 按照建筑的使用性质来划分

①公共建筑施工现场的消防管理；②工业建筑的施工现场消防管理；③农、林、牧建筑施工现场的消防管理；④民用建筑施工现场的消防管理；⑤商业建筑施工现场的消防管理；⑥教育建筑施工现场的消防管理；⑦文化、卫生、体育建筑施工现场的消防管理；⑧金融建筑施工现场的消防管理；⑨公安、劳改、军事管制建筑施工现场的消防管理；⑩特定建筑施工现场的消防管理。

6. 按建筑的层数来划分

①低层建筑施工现场的消防管理；②中高层建筑施工现场的消防管理；③高层建筑施工现场的消防管理；④超高层建筑施工现场的消防管理。

7. 按照主体结构与其附属配套设施建筑等来划分

①主体结构施工现场的消防管理；②裙房建筑施工现场的消防管理；③附属配套设施建筑施工现场的消防管理。

8. 按照危险等级程度来划分

①严重危险级施工现场的消防管理；②中危险级施工现场的消防管理；③轻危险施工现场的消防管理。

（三）主要特点

由于建筑工程施工现场消防工作综合性很强，涉及建筑材料、土木及水电、消防安全技术、消防设施的有效配置，人员疏散与救护等各个专业，其现场的管理需要综合协调、控制等各个步骤，合理进行消防资源的配置，实现现场消防的有效管理，从而保证正常的施工进度。首先，现场的消防管理是一个具有综合性、复杂性的系统管理工作。其次，需要施工现场各有关人员既要分工明确，责任到位，又要团结协作，有效配合；各层次、各职级管理人员能主动发现施工现场的各种火灾隐患，要有预测前瞻性。最后，施工现场消防管理需要对突发的火灾、隐患实现正确、到位、及时的处理。及时发现现场消防管理计划的漏洞、不周等情况，并及时调整。体现灵活、机动、有专业水平的应对能力。

消防管理需呈现全方位，涉及可燃物、助燃物等，火源无所不在；从时间上看，不分昼夜，并贯穿生产的每个过程。施工现场的每位工作人员都有责任、义务承担起责任。因此，需强化消防管理责任，严格要求，责任落实到位。

二、主要管理控制措施

（一）目前主要存在问题

由于建筑工程施工现场消防管理目前主要存在以下问题：消防安全管理责任落实不到位，消防水源无保证，技术措施深度不够，消防设施配备不足，动火操作，使用易燃、可燃材料等"三违"问题存在。为避免造成生命财产的损失，需强化管理控制措施。

应根据施工现场的实际情况，编制消防管理制度、措施，制定消防安全责任制；消防通道、消防水源、灭火器材等的设置须符合国家现行的有关管理规范、标准的要求。

（二）专业培训、材料、间距

对施工现场的施工人员展开经常性、针对性的消防、防火安全教育，熟练操作各种消防设备。对电气设备的相关操作人员应进行专场培训，确保其能正常安全使用电气设备。

施工现场各种建筑物、构筑物、临时性宿舍、工棚、食堂的建造，施工过程须符合防火材料、防火间距等要求。用于在建工程的防水、保温、装饰、防腐等建筑材料的燃烧性能须符合国家现行消防管理规范、标准、设计的要求。

（三）既有建筑的改建、扩建

对既有建筑进行改建、扩建的施工，施工区与非施工区要严格区分。在施工区不得居住、营业、办公，与其他使用同时存在；若在非施工区居住、营业、使用等，应符合国家现行管理、规范、标准的要求。不得在尚未完全竣工验收、主体完工的建筑内进行办公、堆放材料、加工材料、居住施工作业人员等。

（四）临时用房、在建工程

临时用房设置的临时室外消防用水量与在建工程设置的临时室内消防用水量应符合国家现行管理规范、标准的有关要求。

（五）灭火器材、动火

施工现场要优化灭火器材的布置，布局合理，配置足够的消防器材。审批动火手续，严格执行明火的操作程序，并配监管专业人员，在爆炸、火灾危险的场所严禁明火。

（六）消防设施、标志

室外消火栓、灭火器、微型消防站等消防设施、器材的设置须根据施工现场消防管理的实际需要，按照国家现行有关消防管理规范、标准的要求，在在建工程、可燃材料仓储、建筑材料加工区、临时用房、生活区、办公区等场所有效均匀设置；同时，设置消防安全标志，定期组织检验、维修，确保有效安全，满足使用。

（七）年检、档案

按照国家现行有关管理规范、标准，对施工现场的消防设施每年进行一次全面检测，确保完好有效，做好检测等的痕迹管理，完整存档，建立有效的施工现场消防管理档案制度。

（八）疏散要求、合理规划施工现场

确保施工现场的防火间距、人员、车辆等疏散符合国家现行管理、标准的有关要求。如：安全出入口的设置，消防车道、临时用房和作业场所等的防火间

距。合理规划施工现场、明确划分用火区，采取有效措施对易燃、可燃材料进行集中堆放管理。

（九）巡查、检查与演练

积极开展施工现场的防火巡查、检查，及时发现、消除火灾隐患，并做好记录，组织有针对性的消防演练。

三、主要技术控制措施

（一）技术规范、标准与消防设施

严格执行国家现行技术规范、标准中有关建筑工程施工现场消防管理中的技术要求。各具体场地的建筑消防设施的配置须按国家现行有关规范、标准设计要求布置。

（二）消火栓泵

建筑工程施工现场的消火栓泵应采用专用消防配电线路。专用消防配电线路应自施工现场总配电箱的总断路器上端接入，且保证不间断供电。在建工程、临时用房、可燃材料堆场、加工场所须均匀布置室外消火栓。依据施工现场临时消防用水量与干管内水流计算速度，确定临时室外消防给水主干管的管径，要求为螺纹的 PE 管道，其公称直径是 100mm，且水压力须满足大于 10m 扬程的要求。

（三）消防设施的配置

在建工程中的施工现场，要保证消防设施的配置与施工同步，把控好在建房屋建筑工程的施工速度，达到临时消防设施的配置与其主体层数不超过 3 层。

（四）消防配置用品

施工现场必须使用符合国家现行技术规范、标准的减压器、氧气瓶、乙炔专用减压器、回火防止器及其附件。

（五）建筑工程施工现场防火间距

建筑工程施工现场防火间距见表 3-2。

表 3-2　防火距离

序号	名称	防火距离/m	备注
1	用火作业区	≤25	一般情况下
2	建筑物		
3	易燃易爆危险品库房	≤15	
4	在建工程		
5	可燃材料堆场、加工场	≤10	
6	在建工程		
7	其他临时用房、临时设施	≤6	
8	在建工程		

（六）办公、生活区

办公、生活区的消防疏散要求，应根据现场的实际情况，按照国家现行的有关技术规范、标准，达到满足消防疏散的需要。施工现场的办公区、生活区、临时工棚、食堂、宿舍、仓库等场所要挂牌明示其防火负责人，做到分工明确，责任到人，在其通道、楼梯处配置逃生、应急疏散的方向标志、应急照明灯。

（七）可燃物与易燃材料

施工现场集中堆放可燃与易燃材料，不得将生石灰放在其附近。

（八）建筑工程施工现场主要用房与其部分构造建材燃烧性能等级要求

建筑工程施工现场主要用房与其部分构造建材燃烧性能等级要求见表3-3。

表 3-3　性能等级要求

序号	名称	性能等级要求	备注
1	办公用房的建筑构件	A 级	
2	宿舍的建筑构件	A 级	
3	发电机房	A 级	
4	变配电房	A 级	
5	厨房操作间（作业间）	A 级	
6	锅炉房	A 级	
7	可燃材料房	A 级	
8	易燃易爆危险品库房	A 级	
9	金属夹芯板材	A 级	芯材要求
10	水平隔层	严禁使用木板等易燃材料	

（九）食堂、厨房

施工现场食堂、厨房的油垢要定时消除，不准用易燃液体作为引火物。定时维修、更换厨房灶具，并有专人巡查燃气管道等设施是否处于完好、正常状态，发现异常立即停止使用，迅速报告燃气公司由专业人员抢修。餐厅、厨房用电不准临时私拉乱接，用电负荷不得大于规定要求。施工现场的食堂应严格执行国家现行的有关操作流程，制作油炸食品时，锅内食用油不得太满，防止溢出与明火燃烧，不得将食堂当宿舍、仓库；完成厨房工作离开前，及时关闭所有阀门，并切断火源。

（十）集体宿舍

施工现场的集体宿舍每排（层）应配备数量足够的灭火器材。施工现场的办公用房严禁在办公桌（文件柜）上装置刀闸、插头、开关，工作完成后，切断电源，无异后离开。

(十一) 物品仓库

施工现场物品仓库的物质储存要堆码整齐，不得超量，且内部交通道路畅通，仓库内货架（货堆）上物品与其顶的距离不得小于 50cm，与内墙保持30cm，柱距一般为 10～20cm。内部照明不得使用碘钨灯、荧光灯，应为不超过60W 的白炽灯，刀闸需设置于库外，保险装置须合格。物质的存放要根据其物理、化学性质，是否互相抵触，灭火方法的不同，贵重物品与一般物品等要求分类存放。库内废物，如油、棉丝条、抹布等，须集中处理。库内灭火设施须根据物品仓库的实际情况等，达到国家现行有关技术规范、标准的要求。库房的门设置朝外开。

按照国家现行建筑工程施工现场木材堆放仓储场地的有关技术规范、标准的要求，根据实际情况，制定相应的规程并严格遵守；制定检查、清洁等管理制度。配备、配足、配齐专人现场管理。木材堆放仓储场地与其外部、内部的间距须符合国家现行有关技术规范、标准的要求，消防通道须畅通。木材堆放仓储场地不得放在高压线下，并根据场地木材的数量、品种、堆放形状等情况配备足够数量、型号与相匹配的消防灭火等装置。

(十二) 木工车间

施工现场的木工车间严禁使用明火、吸烟，严禁使用砂轮机；规范的安装电气线路，电闸须设置闸箱，保险装置须为合格产品。电刨、电锯等电气设备须保持干洁，制定检修、清洁制度。汽油等易燃物须专柜储存、专人管理。放入铁桶等装置内定期处置油棉、油布等可燃物质。电源在工作时间后要及时断开。

(十三) 电焊

按照国家现行建筑工程施工电焊技术的有关规范、标准，根据实际情况，制定相应的现场操作规程并严格遵守。施工现场的操作人员要经过岗前专门培训，并获焊工操作证。施工现场的设备、电动工具所使用的电源不得超负荷用电；保险丝的材质要符合正规使用的要求；同时，电焊机等用电设备的接地须完好，露天的电焊机要有防雨措施。作业现场不得堆放可燃、易燃物品。电焊操作完成后，及时彻底熄灭操作时遗留的火种，并切断电源。

(十四) 证件合格、培训到位，操作规范

按照国家现行建筑工程施工气焊技术的有关技术规范、标准的要求，根据实际情况，制定相应的规程并严格遵守。施工现场的操作人员要经过岗前专门培训，并获得气焊工操作证。安全措施到位，方可进行气焊作业。乙炔、氧气瓶不得存放在同一室，进行气焊作业的场地，乙炔气瓶与氧气瓶的安全距离须＞5m；用于点火的焊枪与乙炔气瓶、氧气瓶的安全距离须＞10m。不得在与乙炔气瓶、氧气瓶相垂直的上方进行作业；不得将乙炔气瓶与氧气瓶置于高压线下作业；不得在易燃易爆危险化学品的场所进行气焊操作。气焊操作完成后，须认真清理可

燃物、易燃物，检查现场，安全无误后，方可离开作业现场。

（十五）降压、配电室

按照国家现行建筑工程施工降压、配电室的有关技术规范、标准的要求，制定相应的规程并严格遵守。降压、配电室的操作人员须经降压、配电室专业技术培训，并获国家认可的相关操作证。安全措施到位，不得在室内堆放可燃、易燃、易爆及其他物品。变压器室宜采用自然通风，夏季的排风温度不宜高于45℃，且排风与进风的温差不宜>15℃。室内不得乱安、乱拉临时线路，不得用电炉，不得用汽油、煤油擦洗设施。降压、配电室设施须配备数量足够、型号与设备相匹配的消防灭火等装置。

（十六）电热水箱

施工现场用电热水箱要保持电源、电压、水量、水质稳定，并有相应的管理制度。

（十七）建筑工程施工现场使用物质作业的要求

建筑工程施工现场使用物质作业的要求见表 3-4。

表 3-4　使用物质作业要求表

序号	名称	场所要求
1	油漆及有机剂	须保持通风畅通，严禁明火、避免发生静电
2	乙二胺	
3	冷底子油	
4	易燃易爆危险品	

现场在进行动火操作前，如焊接、切割、烘烤或加热等，应对作业现场的可燃物进行清理，作业现场及附近无法移走的可燃物应采用不燃材料覆盖或隔离。

第四章　建筑工程施工安全事故案例

第一节　某地某一年、某半年（1—6月）建筑工程
施工安全事故案例的初步研究

某一年某省发生建筑工程施工安全事故5起，其中1起意外。现予以研究分析，找出一些可以借鉴的规律，总结完善，以便最大限度地遏制事故的发生，减少人民的生命、财产损失，做到"以人为本、可控在控、本质安全"。

一、某地某半年（1—6月）事故基本情况

（一）某工地（南部某市）

1. 事故简介

6月17日7：20左右，南部某市经济技术开发区某工地发生一起高处坠落事故，造成1人死亡。

2. 原因分析

（1）直接原因

这是一起意外伤亡事故，在楼层外架防护搭设较好的情况下，施工人员从12层的操作层摔下，冲破下层的平网保护层。

（2）间接原因

操作人员身心疲劳，安全意识不够，施工操作层的安全监控不到位。

3. 事故教训

（1）这是一起没有认真贯彻"三宝四口""五临边"而造成的工程事故。安全平网保护要有"两证一报告"，建筑工程施工安全工地要使用合格产品。

（2）建筑工程施工安全用的材料要正确地管理、存放，达到使用年限的要按期报废，要按国家规定经常抽检。

4. 事故点评

现在大多数的工地都没有按规范要求正确地存放材料，比如在雨季露天挨地堆放，绳子发霉降低了强度（图4-1）。最后一道救命的屏障没有保住工人的生命，安全管理者是有责任的。

（二）某中心城某号楼（最北部某市）

1. 事故简介

6月23日20：30左右，最北部某市某号楼发生一起物体打击事故，造成1人死亡。

图 4-1　没有按规范要求堆放的材料

2. 原因分析

（1）直接原因

汽车起重机操作人员严重违反规定，在夜间视线不好，在无资质的指挥人员指挥下进行起重作业；无资质的司索工违反规定在塔式起重机标准节移位的情况下，爬进塔式起重机标准节中间，晃动挂在螺栓上的钢丝绳，导致事故；

（2）间接原因

① 塔式起重机出租经营者雇佣无资质的特种设备作业人员上岗作业，且上岗作业前未接受任何安全教育培训，自我保护、相互保护意识薄弱，致使作业中遇到险情，且处理不当。

② 塔式起重机拆卸装运工作未明确具体的负责人，现场缺乏统一指挥；汽车起重机在收钢丝绳的时候，一头在塔式起重机标准节的螺杆上，塔式起重机标准节移位险情出现后，没有得到正确的指挥。

③ 承租单位，在塔式起重机拆卸装运工作中，没有严格要求拆卸单位及拆卸人员按照实施方案进行操作；对各类特种设备作业人员资质审核不够细致。

④ 作业现场各方都未按规定安排安全监护人员，安全管理缺位，未对无资质上岗人员进行严格把关。

3. 事故教训

（1）这是典型的未接受安全教育和培训的农民工干专业性很强的特种专业工作造成的事故。

（2）教训剖析

① 出租单位拆卸塔式起重机工作必须雇佣有资质的拆卸单位和人员，严格审查拆卸人员的资质证书。坚决不允许临时雇佣无资质人员进入现场作业。

② 承租单位要严把特种设备租赁的审查、备案、拆装单位资质，及参加拆装作业的特种工作人员资质关，坚决杜绝特种设备人员证件与作业人员不相符的违规情况出现。

③ 汽车起重机吊装作业要严格执行"汽吊十不准"等规定，汽车起重机拥有人、单位要加大对汽车起重设备作业人员管理力度，确保汽车起重作业人员持证上岗，按规定作业。

④ 各施工管理单位，要加大对特种设备拆装实施方案应急救援预案与特种设备作业人员资质的审查，发现违法违规行为要及时制止，防止事故发生。

⑤ 特种设备监管部门要加大执法力度，发现无资质承揽业务的单位、无证上岗人员及违反规范行为，要严格依法处理，绝不姑息迁就。

⑥ 特种设备作业人员培训机构，要加强宣传培训工作力度，给特种作业人员提供高效、方便的培训条件，使各类特种设备作业人员都懂得操作规程、安全规程，知道持证上岗的规定。

⑦ 行业主管部门要对本市在建项目组织一次有针对性的大检查，以杜绝类似事故的发生。

4. 事故点评

本起事故是在没有专业技术经验、没有受过专业训练的无证操作人员，客观上在晚上操作视线不好的情况下发生的。这个事故的组织者无专业经验、没有尽到责任。

（三）某县便民服务中心项目（最北部某市）

1. 事故简介

8 月 20 日 17：30，某县便民服务中心项目某楼，塔式起重机在安装过程中倾覆，共造成 2 人死亡。

2. 原因分析

（1）直接原因

① 安装高度超过生产厂家设计要求。

② 现场安装人员在塔身安装好后，未对塔吊基础进行操作对比，未对塔吊采取防倾覆措施。

③ 安装工未能提供有效操作证件及资质，无法保证安装安全与安装质量。

④ 塔式起重机基础没有严格按生产厂家说明书要求处理。

⑤ 施工单位安装前未对设备及安装人员资质等资质进行审查并留存资料，在塔式起重机安装中未进行安全监管，以致安装小组违反操作规程，导致了事故的发生。

（2）间接原因

① 这起事故的发生，是安装操作人员、施工单位对建筑安全的重视程度不够，放松了相应的安全管理和对施工管理人员及每个施工班组的安全警示，没有做到正常的、规范的安全管理。

② 北部某市某集团建设有限公司，身为一级施工资质企业，在某县便民服务中心某楼的塔式起重机的租赁及安装过程中，安装前未对安装公司及安装人员的相关资质进行审查，未签订有效安装协议，对这起事故负总承包管理责任。

3. 事故教训

（1）安装前没有进行技术交底，用没有受过专业训练的无证人员操作，导致了事故的发生。北部某市某集团建设有限公司的项目经理与北部某市开发建设工程监理有限责任公司的项目总监失责、渎职造成了这次事故。

（2）当地监管部门监管不力，县城项目不多，没有做到动态监管。

4. 事故点评

这是一起典型的建筑工程施工现场"三违"行为，由于无证安拆、冒险蛮干作业造成的。操作及管理人员安全意识、安全责任不到位。

（四）市郊区大楼（中部东翼某市）

1. 事故简介

10月22日15：50，中部东翼某市郊区大楼建设工地裙房三层屋顶顶板在浇筑过程中，中间部位突然发生坍塌，初步核实有15人随浇筑作业面坠落，2人死亡。

2. 原因分析

（1）直接原因

① 架体失稳，造成大楼裙房三层屋顶顶板坍塌。

② 在项目裙楼三层支撑体系搭设时，施工管理人员未考虑一层顶板的承受荷载，也未采取其他有效措施加固支撑体系，仍违章指挥工人对三层楼顶板进行浇筑。

（2）间接原因

本项目裙楼三层支撑体系的检验验收未严格执行《危险性较大的分部分项工程安全管理办法》的规定，未及时发现裙楼三层顶板的支撑体系存在安全隐患。

3. 事故教训

（1）没有严格按照高大模板支撑系统施工，对安全隐患没有足够的认识，为了省钱、省时、省料而仓促施工。

（2）监理公司的项目总监未发现安全事故隐患，未及时要求施工单位整改或者暂时停止施工。

（3）当地监管力度不够、不到位，监管工作严重不负责任。

4. 事故点评

此事故从技术层面而言，整个安全技术体系存在缺陷。大到模板支撑技术方案，小至工地上用的安全用品、扣件、钢管等都有问题。从行政关系层面而言，施工单位的安全员、项目经理、技术总工、技术主管未尽到责任，监理未认真履职；属地的安全监管部门的具体主管、领导也未认真履职。整个技术层面与行政关系层面系统是失效的。

（五）南郊区建材市场（最北部某市）

1. 事故简介

11月2日1时10分，最北部某市建材市场项目在主体顶板混凝土浇筑过程中，发生局部坍塌，5人被困，截至当日16时30分，搜救结束，5名被困人员全部死亡。

2. 原因分析

（1）直接原因

架体失稳，造成主体顶板混凝土浇筑过程中，发生局部坍塌。

（2）间接原因

这是一起模板坍塌事故，支撑体系的检验验收未严格执行《危险性较大的分部分项工程安全管理办法》的规定。此项目没有严格按照高大模板支撑系统施工，没有专项方案，没有专家论证，典型的"三违"工程。

3. 事故教训

（1）此项目没有任何工程手续，是属于严厉打击的非法工程项目，建设单位与施工单位、监理单位未签订合同，但施工单位、监理单位已进施工现场工作，是事实上的主体责任单位。

（2）施工现场无序、杂乱，施工单位的具体操作人员、负责人（支架组长）、安全员、项目经理未认真履职。监理单位的项目总监未认真履职，当地政府的监管部门履职不力，建设单位存在蛮干、胡干行为。

4. 事故点评

此工程是一起典型非法工程，不按国家基本建设程序施工，在工程项目要依法建设的今天，应严厉打击此类的工程建设项目。

（六）某小区北区某号地库（北部某市）

1. 事故简介

6月26日11时，北部某市某住宅小区项目部一在建工程工地，2名工人在安装塔式起重机时不慎从塔式起重机上坠落，造成1名工人当场死亡，另1名工人重伤。

2. 原因分析

（1）直接原因

无证操作人员，在没有任何专业技术技能、专业经验的情况下，从事专业性很强的特种技术操作工种。从塔式起重机上坠落，是偶然，更是必然。

（2）间接原因

没有安拆方案，没有技术交底，没有带队指挥，而且安拆队伍无专业资质，也是典型的"三违"工程。

3. 事故教训

（1）此项目没有任何工程手续，是属于严厉打击的非法工程项目，建设单位与施工单位、监理单位未签订合同，但施工单位、监理单位已进施工现场工作。

（2）此项目没有监理单位把关，当地政府的监管部门履职不力，建设单位存在蛮干、胡干。

4. 事故点评

此工程是一起典型非法工程，不按国家基本建设程序施工，在工程项目要依法建设的今天，应严厉打击此类的工程建设项目。

二、某省某一年、某半年（1—6月）建筑工程施工安全事故案例的基本情况

某省某一年、某半年（1—6月）建筑工程施工安全事故案例的基本情况见表4-1。

表4-1　安全事故案例情况

序号	时间	季节	所属地区	工程名称	工程种类	手续	施工单位	施工单位性质、属地	遇险人数		监理单位性质、属地（营业执照发放地为主）	有无监理单位	施工阶段	事故类别
									死亡	受伤				
1	6月17日 7:20左右	夏季	南部某市	经济开发区	住宅	正常	省大型矿产下属某公司	国有省属	1	0	私营、市属	有	主体接近完工	高处坠落
2	6月23日 20:30左右	夏季	最北部某市	某中心城某号楼	公共建筑（商业）	正常	南方某省建筑公司	民营外省	1	0	私营、省属	有	主体完工	物体打击
3	8月20日 17:30	夏季	最北部某市	某县便民服务中心项目	公共建筑（商业）	正常	最北部某市建筑公司	民营市属	2	0	私营、市属	有	主体完工	机械伤害
4	10月22日 15:50	秋季	中部东翼某市	市郊区某大楼	公共建筑	正常	中部东翼某市建筑公司	民营市属	2	0	私营、省属	有	主体完工	模板坍塌
5	11月2日 1时10分	秋季	最北部某市	南郊区某建材市场	公共建筑（商业）	无（非法）	最北部某市建筑公司	民营市属	5	0	私营、外省	有	主体完工	模板坍塌
6	6月26日 11时	夏季	北部某市	某小区北区某号地库	公共建筑	无（非法）	北方某建筑公司	国有外省	1	1	无监理	无	刚开工	高处坠落

（序号1—5为"某一年"；序号6为"某半年"）

三、建筑工程施工五大类型伤害分析（国内 **2013** 年）

建筑工程施工五大类型伤害分析如图 4-2、图 4-3 所示。

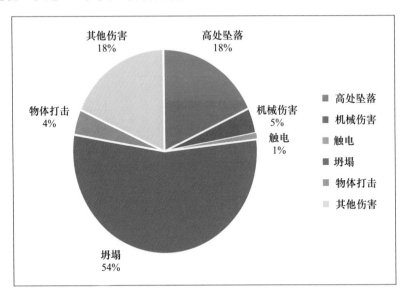

图 4-2　建筑工程施工伤害类型

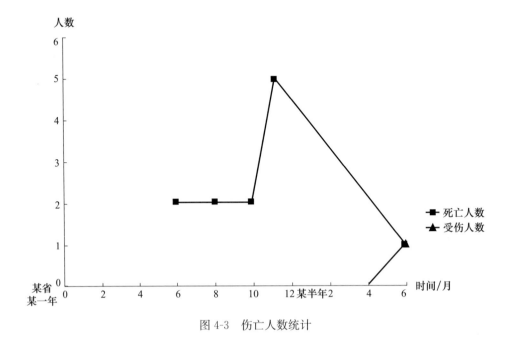

图 4-3　伤亡人数统计

四、比例分析表

1. 建筑工程施工安全事故手续比例表（图 4-4）

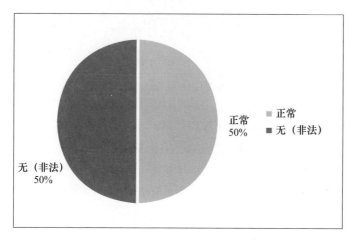

图 4-4　建筑工程施工安全事故手续比例

2. 建筑工程施工安全事故施工单位性质、属地比例表（图 4-5）

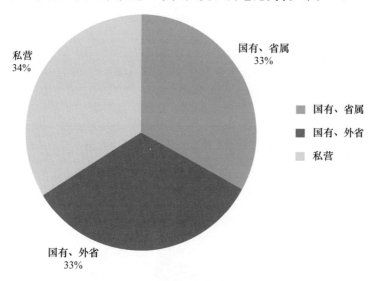

图 4-5　建筑工程施工安全事故施工单位性质、属地比例

3. 建筑工程施工安全事故监理单位性质、属地比例表（图 4-6）

4. 建筑工程施工安全事故季节比例表（图 4-7）

5. 建筑工程施工安全事故所属地区比例表（图 4-8）

6. 建筑工程施工安全事故工程种类比例表（图 4-9）

7. 建筑工程施工安全事故有无监理单位比例表（图 4-10）

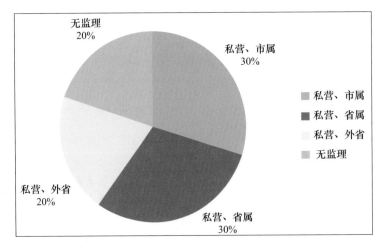

图 4-6 建筑工程施工安全事故监理单位性质、属地比例

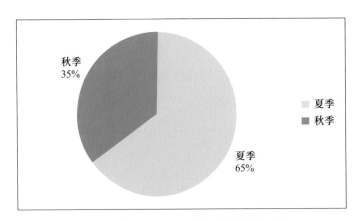

图 4-7 建筑工程施工安全事故季节比例

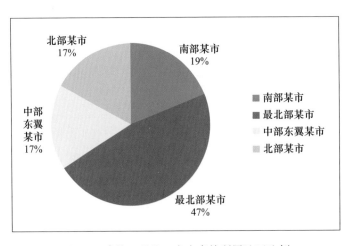

图 4-8 建筑工程施工安全事故所属地区比例

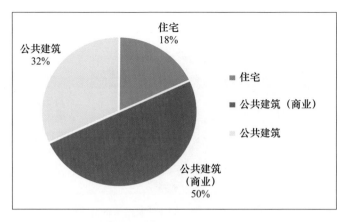

图 4-9 建筑工程施工安全事故工程种类比例

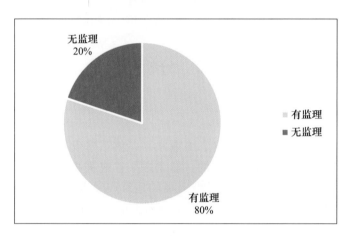

图 4-10 建筑工程施工安全事故有无监理单位比例

8. 建筑工程施工安全事故施工阶段比例表（图 4-11）

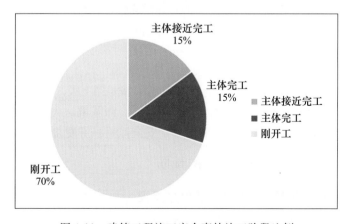

图 4-11 建筑工程施工安全事故施工阶段比例

71

9. 建筑工程施工安全事故类别比例表（图 4-12）

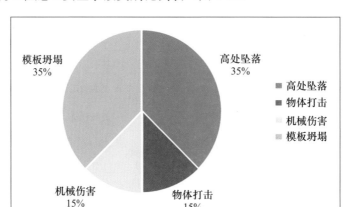

图 4-12　建筑工程施工安全事故类别比例

第二节　分析总结

一、基本情况

我国建筑工程施工队伍、设备、专业水平、体系建设等，都是从 1949 年开始，在一穷二白的底子上发展壮大的，如北方某省建筑业从 1949 年时几千人的工程队，发展到如今具有近 70 万从业人员的建筑产业大军，为本地区和国家经济建设及人民的物质文化、生活水平的提高做出了重大贡献。

在 2013 年，北方某省建筑业产值达到 2980 亿元，实现增加值 750 亿元，占GDP 的比重达到 6%。2014 年前两个月，北方某省完成建筑业产值 224.05 亿元，同比增长 15.06%。随着社会快速发展，建造复杂的、超大规模的建筑越来越多，建筑施工过程中超过一定规模的危险性较大的分部分项工程范围的深基坑、高大模板、起重吊装及安拆、脚手架、拆除与爆破工程的难度也越来越大。

各级党委、政府对安全工作的要求越来越高，建筑安全形势十分严峻。2013年，北方某省在建工程 3417 项，共接报房屋建筑和市政工程施工事故 12 起，死亡 20 人，其中，行业已初步确认的事故 5 起，死亡 11 人。根据经济发展的态势，今后一段时间工程项目将持续增加，超高层、深基坑、大体量的建筑日益增多，不可预测性增加，技术含量越来越大，安全监管任务更加繁重。

二、建筑工程施工安全事故的预防

（一）以法律、法规为准绳，完善制度建设

从目前来看，大部分坍塌的脚手架事故是由扣件、钢管的质量引起的，或是

控制不很有力的有限空间作业，施工现场消防管理等问题造成的。

根据《中华人民共和国建筑法》第五章第三十六条，建筑工程安全生产管理必须坚持"安全第一、预防为主"的方针，建立健全安全生产的责任制度和群防群治制度。

（二）提高专业素质，强化在职教育

安全培训是减少事故的根本对策，安全培训不到位，将产生重大安全隐患。我国南方多数省区建筑工程施工安全做得很好，施工现场精工细作，有训练有素的高素质本地队伍，专业培训工作有特色、到位。

上岗必培训，培训才能上岗。如某年 8 月 4 日我国南方某省发生的事故，上工前没有进行任何安全培训，工人不知道铝粉尘会产生爆炸，各行业在此方面的建设，制度要到位、有效。因此，要加大建筑工程施工安全培训的质量、力度。

（三）重视心理情绪的影响

建筑工程施工的季节、工作日的时间段、工人施工操作期间的心态与家庭状况对人所产生的情绪是引起、诱发建筑工程事故的不可忽视的原因。情绪对劳动者有着重大影响，因此需要深化对操作人员情绪的研究，强化思想政治工作，重视精神安抚、心理沟通、疏导等人文关怀和保护力度，防范行为异常导致的事故发生。

（四）大力推进标准化建设，推广高新技术

大力推进建筑安全标准化工作，实现质量与数量并进，以点带面使建筑工程施工安全上新台阶，大力推广适宜的现代高科技应用技术。

（五）重视监管队伍建设

传统的战争伤亡人数很多，而现代高科技的信息化战争伤亡很少或零伤亡，当今现代化的建筑工程施工也是如此。

在监管队伍方面：要科学的全面管理，提高管理的水平、效能。建筑工程安全的监管队伍从无到有、从有到全，在建筑工程施工安全监督中发挥了积极、有效的作用。但也存在一些需要改进的问题，由于体制、历史等方面的原因，如一些地区监管部门的编制、经费无落实，建筑工程安全监管队伍中有相当数量的非专业院校、非工科专业毕业的职工，水平良莠不齐、专业性差。因此，须强化监管队伍建设，增加专业技术人员力量的配置，根据建筑工程施工事故的数量，工程施工过程中各阶段与事故类别等情况差异化地进行建筑工程施工安全督导（查），实现专业化监管。

第五章　建筑工程施工扬尘治理

第一节　城市建设中应对雾霾的思考及策略

雾霾及建筑工程施工扬尘一直是影响城市建设环境的重要问题。随着工业化的迅速发展，建筑工程的施工规模也越来越大。在城市建设的大环境中，应对建筑工程施工扬尘采取多种更加有效的策略。

我国北方许多城市都有过雾霾天气（图 5-1～图 5-5）。雾霾天气与国家园林城市、生态园林城市、宜居城市、国际花园城市、国家智慧城市的建设是相悖的。如何防治雾霾？笔者从城市建设、规划、环境保护等方面进行了初步分析，对其防治措施有以下思考：

图 5-1　雾霾天气（一）

图 5-2　雾霾天气（二）

图 5-3　高处俯视图（一）

图 5-4　高处俯视图（二）

图 5-5　高处俯视图（三）

一、导致雾霾产生的因素

（一）绿地减少

由于在市场经济中对利益的追求，城市规划设置的许多绿地被作为临时用房等其他用途占用了。城市周边（城中村）的大量绿地、庄稼地都建成商品房，导致绿地减少。

（二）绿色植被占用

一些地区为了追求 GDP 等经济指标，在国家、区域大的防护林、草原等绿色植被屏障上面建露天煤矿（抽水）、发电厂、冶炼厂等能源企业，造成地下水排干，地表径流被截断。绿色植被屏障不仅未能起到有效的防护作用，而且本身成为大的污染源，污染物直接影响邻近省份。

（三）传统工业的燃煤、烟尘

比如：将污染企业或排放不达标企业迁至城市周边的农村，同样是污染源。冶炼厂的排放造成县城环境污染严重，该厂的收入是当时县财政的主要来源之一。

（四）可吸入颗粒物

如：2018 年以来，华北某省四个设区的市可吸入颗粒浓度不降反升。10 月份某省省会城市，在大气污染传输通道城市"2＋26"城市中居首，尚未按《华北某省 2017—2018 年秋冬季大气污染综合治理攻坚行动方案》等要求将降尘指标纳入考核；同时，部分省、市的一些部门未严格落实《大气污染防治省直有关部门重点任务分解》的要求，扬尘治理不力。一些工矿企业扬尘污染严重，企业集聚区周边道路扬尘突出，砂堆、煤堆、渣堆、土堆、垃圾堆"五堆问题"显著。2018 年 10 月份，北方某省某两个设区的市降尘量每个月高达 15.0 吨和14.0 吨/平方公里。

（五）汽车尾气及建筑物拆迁扬尘

随着人们生活水平的提高，拥有汽车的家庭也越来越多，还有很多未达到国家排放标准的汽车上路，（图 5-6、图 5-7），建筑物拆迁扬尘也屡见不鲜（图 5-8）。

图 5-6　汽车尾气（一）　　　图 5-7　汽车尾气（二）　　　图 5-8　建筑物拆迁扬尘

（六）风力发电

目前，城市通风廊道中的通风量不够的现象增多，在城市附近的山口、平地、山顶等风量满足风力发电的地段设置的风力发电站，在一定程度上占用、影响了城市通风道中的通风量。

（七）气象与地理条件

气象与地理条件、气流速、冷空气、山地、山脉等也是造成雾霾的原因之一。

（八）吸烟

从身体健康的视角看，在封闭的公共空间吸一支烟造成的环境污染可达到重度环境污染雾霾。依法控烟，有益无害。

（九）烟花爆竹

放鞭炮贺新春，在我国有 2000 多年的历史，为保护环境，有些地区限制燃放烟花爆竹，但在每年正月初一至十五燃放，仍然造成了环境污染（图 5-9、图 5-10）。2022 年 1 月 1 日起，北京市实施全域禁放烟花爆竹。（环球影城度假区内，经公安机关许可的焰火表演项目除外。）

图 5-9　燃放烟花爆竹（一）　　　　图 5-10　燃放烟花爆竹（二）

（十）油气排放

餐饮与路边摊点烧烤等不规范的油气排放等，也可造成附近环境的污染。

二、北方某工业城市环境污染 $PM_{2.5}$ 的组成

据有关业内人士的初步分析，在北方某工业城市的环境污染 $PM_{2.5}$ 中，扬尘的占比为 30％左右，其中，包括道路扬尘、土壤扬尘、建筑扬尘。

三、防治雾霾的一些初步举措

（一）政府高度重视，从政策等顶层设计认真应对

"环境也是生产力，竞争力。污染治理实际上要处理好 GDP 增长和人类健康的关系。"我们要积极应对雾霾问题，形成一种全社会自上而下治理的新机制，并付

诸实际行动。将其作为各级政府的考核制度。正视环境恶化带来的巨大经济损失。

（二）完善规划

根据雾霾严峻的现状，制定、完善区域环境保护规划和治理环境污染规划。严格、贯彻执行区域、城市的近、远期总体规划，协同治理环境污染雾霾。

（三）制定目标

建设低碳生态城市是我们的发展目标。目前，我国经济快速发展，但多数城市未能实现协调可持续发展，出现环境污染、交通堵塞、地下水位下降等问题。我国经济增长导致资源损耗、环境污染与生态退化等资源环境成本高达 GDP 的 13.5%。

因此，铁腕治理环境污染已势在必行。要加大环境污染治理的投入，改变粗放的发展模式。对落后的产能，积极探索转型发展、跨越发展的新途径。坚持清洁生产，倡导绿色经济。从战略层面而言，国际竞争的根本是人的素质、科技、现代工业、信息、电子、现代化的管理手段、文明的人文等，这些是绿色环境的根本支撑。

（四）加大投入

根据环境污染的分布情况，加大投入，建设区域的绿化防护带等。

（五）建设湿地防护带

根据各个城市不同的污染类型，建设各种类型的湿地、绿色防护带。

（1）湿地是天然或人工的、永久性或暂时性的沼泽地、泥炭地和水域，蓄有静止或流动的淡水或咸水水体，包括低潮时水深不超过 6m 的海域。湿地具有对空气污染的隔离、吸附、净化作用，可改变气候、改变环境。因此，可根据城市的各种环境污染情况，在城市周边设置 5~10km 以上的湿地、绿色防护带（图 5-11）以保护城市环境。

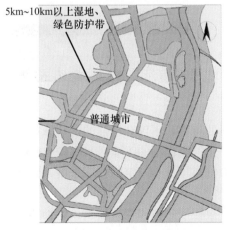

图 5-11　湿地、绿色防护带

（2）典型案例

① 北方某省东南部某市西北面的湿地、绿色防护带，对园林城市的建设、环境保护发挥了重要作用（图 5-12）。湿地的芦苇是多年水生挺水植物，芦苇的叶、叶鞘、茎、根状茎和不定根都具有通气组织，在净化污水中起到重要的作用。

图 5-12　保护环境案例

芦苇是抗逆性较强的植物，不仅有较强的抗盐碱能力，而且还有较强的抗污染能力，对含酚、油、氰、硫化物的工业污水有较强的耐受力，芦苇对酸性污水也有降解能力，对水中氮磷含量有一定的去除作用，因此，芦苇是湿地保护生态环境的首选植物品种。

芦苇根状茎虽具有很强生命力，容易繁殖，生长期4月上旬至7月下旬，孕穗期7月下旬至8月上旬，抽穗期8月上旬到下旬，开花期8月下旬至9月上旬，种子成熟期 10 月上旬，落叶期 10 月底以后，到 11 月份，芦苇叶子会枯萎死亡，落到水里在微生物的分解作用下，释放大量的磷。冬季的时候对芦苇进行收割（可用作造纸等），可减少水体内磷的释放。

② 北方某省南部某市政府投入数亿元，在城市的西部建成湿地、绿色公园（图 5-13）。

图 5-13　湿地、绿色公园

③ 北方某省中部西侧县级市获国家园林城市称号。城市绿化投资达 6 亿元，绿化覆盖率达 42.26％，近几年来，该县级市城区环境空气质量逐年改善（图 5-14～图 5-18 与表 5-1）。

图 5-14　城区环境图（一）　　　　图 5-15　城区环境图（二）

图 5-16　城区环境图（三）

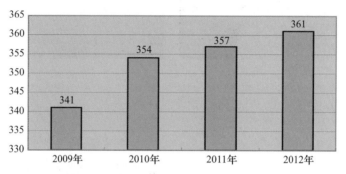

图 5-17　2009—2012 年北方某省某设区的市城区质量二级及以上天气变化情况柱形图

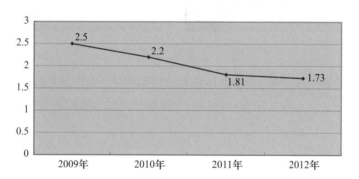

图 5-18　2009—2012 年某县级市综合污染指数变化情况折线图

表 5-1　**2009—2012 年北方某省某设区的市城区空气质量状况比较表**

年度	二级及以上天气数	一级天气数	年综合污染指数
2012 年	361	111	1.73
2011 年	357	109	1.81
2010 年	354	101	2.20
2009 年	341	81	2.50

④ 北方某省某设区的市森林公园，是深受市民喜爱的湿地、绿色公园（图 5-19）。

图 5-19　温地公园

（2）在工厂企业周围设置 0.5～5km 以上的湿地、绿色隔离带（图 5-20）。

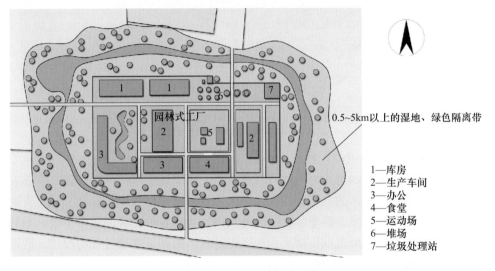

0.5～5km 以上的湿地、绿色隔离带

1—库房
2—生产车间
3—办公
4—食堂
5—运动场
6—堆场
7—垃圾处理站

园林式工厂

图 5-20　湿地、绿色隔离带

（3）特大城市与卫星城市之间设置 5～20km 的湿地、绿色分隔带，可避免相互污染、干扰（图 5-21）。

（4）合理保留、利用自然地形所形成的城市通风走廊，要充分考量、平衡、计算濒临连接城市内部通风廊道的用风量。

（5）在规划设计中，要降低容积率，控制、限制 30 层左右高层建筑或 30 层以上高层建筑的比例，并且小区布局要高低错落，这样可尽可能有利于城市通风。

（6）在城市建设中，治理环境污染雾霾要多管齐下，总结、推广因地制宜治理环境污染的新经验、好办法，用法律手段破解环境困局。新建企业坚决按国家现行新标准实行环境保护"三同时"，环保达标困难的企业要实行"拆、迁、并、转"，对迁入外地的企业同样要坚决按国家现行标准实行环境保护"三同时"。倡

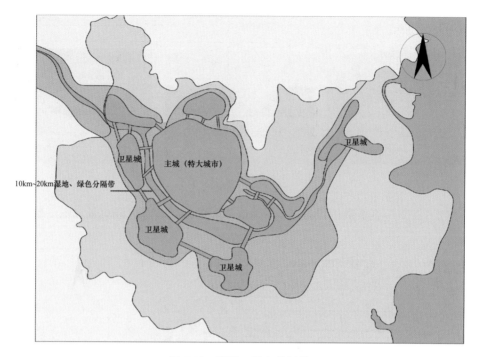

图 5-21　湿地、绿色分隔带

导企业走内涵式发展道路，从而减少新建有污染企业的数量。大力推进绿色交通，倡导绿色能源，如对火电厂进行绿色改造，减少温室气体排放，建立生态补偿制度。建园林工厂，加大绿化的投入，大力提高绿化覆盖率，在北方城市，要增加种植适合当地土质、四季常青的树种比例。采取各种无害的化学手段、物理手段减少空气尘埃。要重点控制工业和燃煤过程，尤其是燃烧过程的脱硫、脱硝和除尘，关注柴油车排放和油品质量。

四、结语

拯救地球是全人类的世纪责任，环境与社会、经济的发展相协调作为我国可持续发展战略中心的重大核心问题，是我们生存、发展永恒的问题。在城市建设中，科学思想和科学决策要符合规律，要把加大治理环境污染，视为人居环境的一项重要内容。

治理环境污染应是城市建设中的重要目标。城市道路、交通、建筑拆迁、改造，资金投入数百亿、数千亿元，而绿化、环境污染治理的投入要少得多。增大绿化、环境污染治理的投入是衡量城市改造、城市化是否成功的重要标志。

中国的快速城市化进程已进行了 40 余年，未来的 40 年，我国城市将进入转型期，城市的管理、建设，要在未来达到或者超过世界发达国家水平，在城市建设、改造过程中将环境污染等治理好，形势严峻、任务艰巨，是挑战，更是机遇。这要求城市的服务功能优化，居民素质提高，城市节能减排，转型发展，这也是对相关管理部门管理能力的一个考验。

第二节 建筑工程施工扬尘治理的主要方略与技术控制措施

一、建筑工程施工扬尘的概念、主要分类、特点

(一) 概念

建筑工程施工扬尘是在建造过程中产生的粉尘颗粒污染物，污染了大气。扬尘是处于地面上的尘土在风力或人为、及其他带动方式的作用下，在空中飘舞而进入大气的开放污染源，是构成空气环境中总悬浮颗粒物的重要成分之一。

(二) 建筑工程施工扬尘的主要分类

1. 按飘洒在施工现场部位划分

(1) 建筑施工扬尘；(2) 道路扬尘；(3) 裸露土方扬尘。

2. 按施工进度划分

(1) 土方施工阶段；(2) 基础施工阶段；(3) 主体施工阶段；(4) 装修、装饰阶段。

3. 按扬尘量由低到高划分

(1) 土方施工阶段；(2) 基础施工阶段；(3) 装修、装饰阶段；(4) 主体施工阶段。

4. 按扬尘的过程划分

(1) 当处置散装的物质、物料时，空气的流动，使粉尘从其中带动到形成局部污染范围，即一次扬尘；(2) 当封闭的内部空间空气气流与通风引起的流动空气、设备 (设施)、运动、部件的转动而生成的气流，因黏附力不足，受其气流冲动，把沉降在设备 (设施)、地面、建构筑物等上的粉尘再次掀起，即二次扬尘。

5. 按照扬尘的降落、漂浮等形式划分

(1) 粒径>$100\mu m$，可以较快地沉降在地面；

(2) 可以吸入人体的颗粒物，粒径<$10\mu m$；粒径为 $10\sim100\mu m$，可以长期漂浮在空中，即浮尘。

(三) 建筑工程施工扬尘的特点

大气污染物直接排入大气的，是一级 (原生) 污染物；当一级污染物在大气中发出光或热，进而发生物理、生物、化学等反应，形成与一级 (原生) 污染物

有所不同的新产物；扬尘污染作为空气中最主要的污染物，化学性质相对稳定，是人体呼吸道的主要危害。

二、主要方略

施工扬尘污染环境，对人体健康造成伤害，改善空气质量，打造清洁城市，使人民群众的安居乐业有保障，须对施工扬尘采取有效的管理方略。

扬尘包括道路扬尘、裸露土方扬尘、建筑施工扬尘，据业内人士的初步分析：在北方某工业城市的环境污染 $PM_{2.5}$ 中，扬尘的占比为 30%左右，其中道路扬尘占 5%左右，裸露土方扬尘 10%左右，建筑施工扬尘占 5～15%左右。控制措施比较到位的城市占 10%左右，建筑施工扬尘占比因地区的自然地理情况、产业结构、控制技术、投入、重视程度等的不同而不同。建筑施工扬尘是一级污染物，化学性质相对稳定。

目前，大气颗粒中扬尘的比例增大，面对如此严峻的扬尘污染，要依据具体情况，提高重视程度，加大投入，强化施工扬尘的综合治理，运用法律、管理、技术、经济等多种措施并举。

从源头治理开始，在施工现场消灭裸露地面，消除路面尘土，遮盖沙土、灰料为基本抓手，有效控制扬尘污染，提高空气质量。加强责任，提高责任人对于防尘的认知意识，建设单位是治理建筑工程施工扬尘的首要责任单位，更要强化施工方主体责任单位的落实力度。要大力推行工程总承包（EPC），实现职责到位，统一协调，从而更有效地控制扬尘污染。各有关责任主体单位要采取统一、量化的责任标准。有效推行绿色施工，科学管理，技术进步，达到节能、节地、节水、节材和环境保护，即"四节一环保"的要求，创建"绿色文明工地"。提高、规范施工现场的扬尘监测水平，如增加建筑围挡外的监测点，科学对比施工现场围挡内外空气污染的动态，更有效地判别、研究施工扬尘对大气污染的影响程度，从而正确分析施工扬尘对大气污染的贡献值。有效、科学利用城市的通风道，建设活动不得占用通风通，不得减少城市通风道的风力、流向、体量。强化、统一施工扬尘的监管体制、体系，用专业部门、专业队伍统一监管。

三、主要技术控制措施

（一）绿色施工

大力推进绿色施工，加快推进转型项目建设，依据住建部扬尘治理"六个百分百"，即工地周边围挡 100%封闭，土方开挖 100%湿法作业，路面 100%硬化，出入车辆 100%清洗，渣土车辆 100%密闭运输，物料堆放 100%覆盖；其中，用于苫盖密目网的网目密度每 $10cm \times 10cm$ 的面积上≥2000 目。有条件的地区实行"八个百分百"，即在"六个百分百"的基础上，实行施工工地 100%安装在线视频监控、工地内非道路移动机械及使用油品 100%达标；同时，实行施工现场的废气、废水集中处理排放。废水、雨水收集、处理，达到标准后用于喷淋等湿作业。增加、强化施工现场建筑垃圾的收集措施，及楼层垃圾运输管道的建设；严禁从高空抛掷垃圾，设置封闭垃圾站。

（二）扩散控制

施工现场作业区的土石方扬尘目测高度不得大于 1.5m；在主体结构施工，二次结构施工，构件、设备等的安装、装饰、装修过程中，目测扬尘高度不得大于 0.5m；并采取有效、安全的作业方式，扬尘不得扩散到施工作业区域外。

（三）市政项目

在市政项目的施工中，灰土、无机料应采用预拌进场，碾压过程须湿作业；铁刨、切割等相关作业须采取有效、安全的湿作业方式。

（四）科学完备的检测体系

通过建立扬尘监控平台完成监测系统，充分利用"互联网"技术，智能集成控制平台，对施工现场的扬尘进行数据收集，实现对扬尘的有效控制。对易发生扬尘的部位、工序，如土方、构件加工、剔凿钻孔、处于规定区域内的施工现场的材料搅拌，垃圾外运等扬尘源，运用苫盖、全封闭、硬化、封闭加工区等相关除尘措施。具体可采用楼层喷雾系统、现场喷雾、移动式雾化除尘炮、自动洗车台等设备，对施工现场扬尘的源头进行有效控制。

第六章　建筑工程施工安全文化和现场管理

第一节　建筑工程施工安全文化

一、建筑工程施工现场安全文化的主要概念

文化是人类社会有关经济、政治两方面的精神活动与产物，是人类精神财富和物质财富的总称，文化分为物质文化、制度文化、心理文化。美国人类学家艾尔弗雷德·克鲁伯与克莱德·克拉克洪曾统计，在 1871 年至 1951 年之间的文献中，至少可以搜索到 164 个有关文化的定义。一定时期的文化是这一时期经济发展水平和政治特征在意识形态上的反映。政治和经济决定文化，而文化又具独立性，对政治、经济有反作用。

安全是以满足人的身心需要为目的，是人以及与人的身心有紧密关联的直接、间接的事物；同时，人又不能直接感知到是否有风险、危险、伤害、损失等。

从广义而言，安全文化是人类在生产、生活的实践过程中，为保障身心健康安全而创造的一切安全物质财富和精神的总和。英国的健康安全委员会核设施安全咨询委员会对其进行了修正，阐述为，一个单位的安全文化是个人和集体的价值观、态度、能力和行为方式的综合产物，它取决于健康安全管理上的承诺、工作作风和精神程度，这两种定义主要把安全文化限制在人的素质、精神等范畴。

国际核安全咨询组在 1991 年出版的报告中指出：安全文化是存在于单位和个人中种种素质和态度的总和。安全文化是人类文明的产物，是人类文化的一个重要组成部分。伴随着人类的生存发展而发展。

建筑工程施工安全文化同样是人类文化的重要组成部分，建筑工程施工安全文化是对"文化这个属概念的限定，更是一个比"文化"的外延相对较窄，而内涵更为专业、丰富的特定概念；是建筑工程施工活动中，在既有的制度中，所创造的政治、经济、精神财富。

二、有效发挥建筑工程施工安全文化的作用，促进建筑经济健康发展

建筑工程施工安全文化，一方面，有传统安全管理的部分功能，还有许多更为彰显安全管理的功能，可以有效发挥凝聚功能，调动单位、部门、系统的群体

意识；另一方面，宣贯安全文化，提升价值观，从本质上而言是做好企业的建筑工程施工安全工作。

安全文化的导向功能是使从事建筑工程施工的领导层与员工的安全要素的提升，形成安全价值观，达到全体员工的生产活动安全；安全文化的激励作用，让企业员工发挥更大的潜能，及创业精神，用主人翁的精神状态，发挥聪明才智。具有实用价值的优秀建筑工程施工企业安全文化更是发挥着潜移默化的影响与作用，使企业职工形成新的安全约束力，用新的安全观更替旧的安全观，用现代建筑工程施工的安全观来处理建筑施工现场、部门、单位、人与人之间的关系。

强化建筑工程施工企业安全文化建设，有效改进事故控制、危险预测、安全预警，用"预防第一"的安全管理核心理念，铸建安全管理体系，从而树立安全生产新形象。全面多角度、全方位地提高建筑工程施工企业安全生产的新形象，综合运用各种方式提高职工的安全意识。

用新策略、新方法、新思维来提高、实现建筑工程施工安全文化，促进、确保建筑工程施工企业是在安全模式下运行的经济支柱产业。

对建筑工程施工企业而言，要塑造企业文化环境，需通过提升安全管理制度，建设安全文化，强化安全培训，运用新方法，如开设有偿奖励性等灵活多样的培训，使企业能够稳定、持续、长久的安全生产，从根本上提高建筑工程施工安全文化的核心——"人"的安全素质。

安全是现代建筑施工企业生产经营中的一个永恒主题，是文化的表达，要多管齐下，在不断完善各项制度，综合运用行政、文化、制度、法律、经济多样的等手段构筑建筑工程施工安全文化。把安全工作做好，做到位，更是经济效益提升的标志。无安全风险隐患，不生事故，最大限度地遏制安全事故的发生，本身也是经济效益改进的标志，也能减少企业人员的财产损失，为社会的和谐稳定作贡献，促进建筑经济健康发展。

建立"纵向到底，横向到边"的建筑工程施工企业的组织管理网络架构，从根本上保证建筑工程施工安全文化建设的良性、健康发展，从而确保建立高效、科学、准确的安全文化体系，为建筑经济的健康发展提供有力支撑。

第二节　建筑工程施工现场安全标准化建设与发展

一、建筑工程施工现场安全标准化的概念和主要内容

（一）概念

标准化是对于具有重要性的事物、概念，在技术与经济、科学与管理等社会实践的范畴中，采用编制、颁布和实施标准达到统一的目的，收获最有效的结果与社会效益。

建筑工程施工现场安全标准化是为了全面提高建筑工程施工现场的管理工作，结合实际情况，在满足国家行业及地方现行法律、法规与规范标准的要求下，大力推进施工现场规范化，以达到标准化的目标。

（二）主要内容

建筑工程施工现场安全标准化主要包括文明施工、扬尘治理、智慧工地、基坑工程、施工消防、脚手架工程、模架支撑体系、高处作业、施工用电、机械设备、有限空间作业、市政道路工程、市政桥梁、隧道与市政盾构法工程/TMB 隧道施工等。

建筑工程施工现场安全标准化主要内容如下：

1. 手续办理

（1）施工许可证；

（2）安全监督备案，手续；

（3）建筑起重机械备案登记手续。

2. 证照的办理和持证情况

（1）施工单位的安全生产许可证；

（2）施工现场安全管理人员的安全生产考核合格证；

（3）建筑施工特种人员的操作资格证。

3. 工程项目的安全管理情况

（1）省级国家级建筑工程施工安全标准化的创建方案；

（2）安全生产专项整治实施方案；

（3）按规定配备的专职安全管理人员；

（4）安全生产责任制的建立与落实；

（5）安全措施费的足额使用；

（6）建筑起重机械的安全管理；

（7）施工组织设计和专项方案按规定审批；

（8）落实《危险性较大的分部分项工程安全管理规定》；

（9）有关禁止使用和限制使用的技术；

（10）安全监管机构的工程项目安全监督人员的委派、日常监督检查；

（11）施工现场风险分级管控与隐患排查治理双重预防的具体部署情况及建筑工程施工安全的体系建设、风险辨识、评定安全风险等级；明确安全管控措施；两个清单（风险清单和隐患排查清单），四色分布图［红色（重大风险区域），橙色（较大风险区域），黄色（一般风险区域），蓝色（低风险区域）］；

（12）意外伤害保险、企业安责险、工伤保险；

（13）按规定进行的各项技术交底；

（14）职工安全防护品的购买、发放、使用、更换、维护保养；

（15）施工现场实体防护和文明施工执行各省、市发布的《建筑工程施工管理标准》；

（16）扬尘治理；

（17）智慧工地。

二、标准化的建设与发展

要大力改善安全生产条件，通过深入开展以岗位、专业、施工企业达标为主要内容的安全标准化建设，从而有效推动建筑工程施工企业安全生产标准化的达标升级，全方位实现安全管理。

具体而言，有岗位操作、设备设施、作业环境的标准化；综合运用国家、地方出台、颁布的法律、法规、条例安全技术标准、制度、管理办法，促进建筑施工企业不断推进、达到标准化建设的步伐。

通过制度建设与施工现场的实施，不断提高建筑施工现场的安全管理，从而积极有效地推进各方面的基础工作，规范建筑工程施工现场安全管理标准化的建设与发展。

第三节　建筑工程施工现场的文明施工

文明施工是建筑工程中从开工到全面完工按照国家现行的有关要求，做到卫生、整洁、施工程序合理，科学组织施工的活动。

主要包括现场围挡、封闭管理、施工场地、材料管理、临建设施、生活设施、标识标牌、安全防护用品、交通疏导、综合治理、安全教育宣讲平台等。

努力抓好建筑工程施工现场施工形象的建设，做好施工现场的材料、设备、安全、技术、保卫、消防、卫生等管理工作；综合运用现代企业的各项管理手段，努力提高文明施工水平。

（1）文明施工是建筑施工企业安全生产的根本所在。

文明施工是企业安全生产的保证，反映企业的综合管理水平；同时，职工安全生产的基础是施工环境，施工现场文明施工的管理是企业需要面对的难题。

夯实基础工作，做好前期规划，完善制度建设、网络组织，标准统一，制度严格，职责分明，各司其责，建立管理体系中网络成员的例会制度，以创建文明工地、打造精品工程、创新管理模式为目标。

通过强化安全生产过程中的精细化管理，严格考核制度，从而实现文明施工。增加资金、科技的投入，实现设施标准化，为文明施工创造必要的条件。

建立健全安全的控制、考核制度，并及时总结，形成标准、规范相统一的日常文明施工科学体系，从而确保本质上的生产安全。

（2）建筑工程施工企业发展的前提是安全生产，文明施工可强有力地推动企业的安全生产。

要加强领导，制定目标，加大宣传力度，增加培训的投入，全面提高员工必备的安全素质，树立文明施工的新思维。强化责任制，狠抓基础工作，使其制度化，通过层层签订安全生产责任书，使每位职工身上有压力、有责任，并与经济利益挂钩。

具体而言，通过文明施工，促进施工现场的各项工作标准化。施工人员严格执行安全操作规程，恪守文明生产纪律，在施工现场，如：入口处的明显位置设置国家现行规范要求的标识牌，施工现场的各类设施与设备上的安全防护装置、信号、报警等信息要完善、齐全、可靠；现场照明要充足，风、水、电、管线布置合理，搭设标准、规范，标识清楚；现场按照国家现行规定的标准布置通风设施，以及尘毒、噪声等防护措施。

通过全过程控制，努力提高本质安全水平，根据工程进度中季节、危险程度等特点，及时调整、补充、完善施工方案，采取施工安全保证等技术措施；将安全技术保证视为确保施工安全的重要基础支撑，施工前须有安全技术措施，并且逐层进行技术交底，确保安全保障设施完善，向规范化、科学化发展。

将安全文明工程的创建工作纳入各项安全检查，以此促进工作；坚决落实"一岗双责"制度，按照"四不放过"的原则，实行安全生产一票否决制度。文明施工始终贯穿于建筑工程施工生产的全过程，在全体员工积极参与的前提下，通过周密的实施，有效的促进，达到确保施工现场本质安全的目的。

第四节　复工管理与突发"疫情"管理

一、建筑工程施工复工管理

（一）建筑工程施工复工管理的概念、主要分类

1. 概念

建筑工程施工复工是指建筑工程施工因为种种原因，由原单位、原岗位的职工重新回到单位的工作岗位。

2. 主要分类

建筑工程施工复工按照建筑工程停工的原因可以分为以下几类：

①季节性复工；②疫情性复工；③资金性复工，（缺乏进度资金等原因停工）；④事故性复工；⑤突发情况及其他情况的复工（如在国外，由于政治、军事动荡等原因而停工、复工）。

（二）建筑工程施工复工管理的总体要求

按照项目所在地的政府对当前疫情的防控工作部署，实行分区分级，精准复

工生产的要求；牢固树立"安全发展，弘扬生命至上、安全第一"的理念，通过全面、深入、细致的复工安全工作，强化、完善、落实安全管理责任和制度措施，从而防范、化解重大安全风险。

（三）建筑工程施工复工管理的基本要求

按照国家规范、标准、程序等要求，有针对性地精准把控复工中存在的各种情况，主要流程如下：

（1）达到上岗条件的项目管理人员须到岗、在岗。

（2）确立工程项目疫情防控的组织机构（如遇疫情性复工）。

（3）编制复工工作方案，应急处置方案，并完善审批手续。

（4）编制复工计划，确定具体的返场时间，工人人数等。

（5）对项目进行全封闭管理，当遇疫情性复工时，对场区进行有效的消毒，设置观察区、隔离区、测温点、消毒处等。

（6）复工防疫设施、物资就位。

（7）分公司（下级公司）为总公司（上级公司）对项目复工的验收进行准备。

（8）填写报批集团公司项目（开）复工审批表，并按流程完善审批手续。

（9）填写报批各设区的市级项目（开）复工审批表。

（10）加盖公章上报项目主管部门。

（11）项目所在地属地主管部门验收后方可复工。

（12）严格执行项目疫情防控工作方案。

（四）检查、督查的要求

（1）提高政治站位，加强组织领导，落实责任。

（2）强化责任意识，切实抓好扬尘治理工作。

（3）严格奖惩制度，切实做好复工的检查工作。

（4）强化应急值守，做好应急准备。

（五）复工检查内容

为实现精准复工的目的，须提前做好复工前的各项准备工作，分公司及时报集团公司及相关部门审批，未经审批的项目严禁复工。

要重点检查应急处置方案的编制，复工复产工作人员（劳务人员）的进场情况，生产生活物质的准备情况等。如果是疫情性复工，须重点检查防疫工作方案，防疫措施与防疫物质的落实、配备情况等，各单位、项目部成立疫情防控组织机构，主要包括如下内容：

（1）各相关单位施工项目部要建立健全安全管理组织机构，按照国家现行规范、标准要求等配置相应的专职安全管理人员；严格执行省、市颁布的《建筑施工企业安全管理机构设置及专职安全管理人员配备办法》，着重检查项目部岗位管理人是否在岗履职。

（2）展开有针对性的安全教育培训，尤其是新上岗职工、一线操作人员、特种作业人员的三级安全教育，切实提高施工现场操作人员的实际操作技能与安全技能。

（3）查验塔吊施工升降机、爬架等大型施工机械设备的资料与安全装置、设备基础、相关环境。超过一定规模的吊装及拆卸工程专业是否进行专家论证，是否符合论证方案。

（4）脚手架、模架体系的有关资料，现场检查基础、架体、杆件、连墙杆是否符合要求，杆件等是否松动、弯曲，螺栓是否紧固，安全网的设置是否符合规范，有无残缺、破损，安全平网、海底网上的建筑垃圾是否及时清除，用于安全网、海底网挑出的杆件是否存在挠度，防护栏杆、脚手板的设置是否符合要求。超过一定规模的模架工程专业是否进行了专家论证，是否符合论证方案。

（5）施工用电。检查施工用电的相关资料，现场查验配电箱、开关箱是否符合"三级配电两级保护"的要求；开关箱（末级）漏电保护或保护器是否灵敏有效；漏电保护装置的参数是否匹配，是否按照"一机、一闸、一漏、一箱"的规定操作，电箱的安装位置是否得当（是否符合安全距离，周围有无杂物，操作通道是否畅通），是否按要求设置门、锁、防雨雪等措施；接地是否可靠，接地电阻是否符合要求；电缆、电线是否老化、破损，架设、布置是否符合要求。

（6）深基坑。有关资料检查：安全的技术交底记录、验收记录、日常检查记录。现场检查：超过一定规模的岩土工程专业是否进行了专家论证，是否符合论证方案；基坑放坡是否符合要求，是否设置了有效的排水设施，坑（槽）的侧壁是否进行检（监）测，是否稳定；支护设施有无变形，坑边荷载是否符合要求；临边防护设施（栏杆）等的设置是否符合有关要求。

（7）安全防护用品。有关资料检查：相关安全设备的制造许可证、产品合格证书、产品检验、检测报告；使用、佩戴用品的安全技术交底记录；验收、日常检查记录；使用、佩戴用品是否符合有关要求，是否破损过期。

（8）吊篮、卸料平台。资料检查：产品制造许可证、合格证、试验检验报告（型式检验报告）、专项施工方案、安全技术交底记录、验收记录、日常检查记录。现场检查：结构件有无变形，焊缝有无裂纹，悬挂机构有无变形、裂缝、损坏；限位保险等安全装置、钢丝绳的磨损情况，绳卡是否破坏，安装是否正确，安全绳的固定是否符合要求；防护栏杆、门是否牢靠；挡板、底板是否破损。

（9）施工现场围挡，办公生活用房、仓库、食堂、门卫等设施，消防、保卫组织机构、设施的安全稳固，消防责任制的落实情况；消防器材的配置情况，有无违规的明火取暖，私接电源，使用电褥子等问题；现场门卫值班巡检记录，材料的进出场记录等。

（10）施工现场的应急救援预案，预案是否对本项目的危险源进行了辨识、评价，是否根据评价结果制定了相关的应急救援预案，是否组建配备了完善的救援队伍，储备相应的应急救援物质，在大风、雨雪等特殊气候条件下对应的应急救援预案。

（11）安全文明施工措施费的提取、使用情况。

（12）扬尘治理情况，建立项目部扬尘治理责任机构，完善各项扬尘治理措施、制度、预案，跟进落实情况。

（13）安全专项施工方案。危大工程施工是否按照《危险性较大的分部分项工程安全管理规定》的要求进行，是否在显著位置公示施工内容、施工时间、相关责任人。重点对建筑起重机械安装和拆卸作业、起重机械使用、模板支架、土方开挖、基坑工程、脚手架搭拆等危大工程施工进行安全管理；施工前专项方案提前编制、审批，向监理单位报批，且手续完备；作业前安全交底落实到具体操作人员，作业过程中专职安全员须加强过程管理，严格执行专项施工方案。

（14）劳务实名制管理。主要检查内容：从劳资专管员的设置，到普通操作员工都实行实名制台账、考勤记录，劳务合同、劳动合同必须及时签订，缴纳工伤保险，开立农民工工资专户，保证工资足额发放，及时缴存工资保证金，设立维权公示牌，悬挂维权宣传条幅等。

（15）冬季质量控制。主要检查内容：冬期施工方案，材料出厂质量的有效证明文件，进场的验收记录，进场的复检报告，施工过程试验报告，工程隐蔽验收记录，检验批、分项、分部工程质量验收记录等；冬期施工部位实体质量的主要情况，如观感质量，复工前实体检测，成品保护等。

（16）节能。主要检查内容：是否按图施工，专项方案是否编审、签字；进场节能材料，构配件的节能、防火性能复检及相关资料，隐蔽工程影像资料的留存。

（17）质量策划。主要检查的内容：分公司各项目部的工程质量策划是否按集团（总公司）的有关要求编制、审核、审批；编制是否及时，内容是否完整，是否具有针对性、可操作性，签字报批（备）等手续是否齐全。

（18）以表格的形式检查施工现场工地的模架工程、起重机械、基坑工程、临时用电、安全防护、扬尘整治、食堂食品安全、建筑工地消防安全、劳务实名制、工程建设强制性标准执行情况。

二、建筑工程施工突发"疫情"管理

（一）建筑工程施工突发"疫情"的概念、主要分类

1. 概念

突发"疫情"指突然、紧急状态下发生的疫病和发展等情况。

2. 主要分类

（1）按范围有重症急性呼吸综合征、甲型 H1N1 流感及新型冠状病毒肺炎等。

（2）按波次或传染源，主要以疫情爆发的初始时间与疫情所在的国家地区来划分。

（3）按国境来划分，国外输入与国内本土。

（4）按国内的风险程度来划分：中、高、低风险地区。

（二）建筑工程施工突发"疫情"（如新型冠状病毒肺炎）的总体要求

（1）贯彻落实党中央、国家疫情防控的总体部署和指导精神，用常态化防控的思想、工作状态来应对疫情，克服麻痹思想、厌战情绪、侥幸心理。

（2）以持续抓紧、抓实、抓细的方法，按照"外防输入，内防反弹"的要求，在具体措施上注重加强依法、科学、精准防控，健全并落实及时发现，快速处置、精准管控、有效救治的常态化防控机制。

（3）建立健全各级责任制。着重落实深化单位、部门、项目、物业管理的责任；排查漏洞、加固防控重点环节、部位，持续巩固已取得的成果。

（三）建筑工程施工突发"疫情"（如新型冠状病毒肺炎）的基本要求与主要内容

认真做好、做细、做实来自中、高、低风险地区职工的排查管理，做好、做细、做实公共区域、日常办公区域、项目部、厂区、生产场所的有效防护，做好、做细、做实后勤系统、物业管理小区的有效防护；同时，完善做好、做细、做实境外机构（项目）疫情的有效防护，完善健康管理，严格责任落实。

按照国家现行的要求、标准进行卫生防疫。在个人卫生，如洗手、戴口罩、防护服的备置，酒精、消毒液等严格管理、落实到位；同时，根据本单位、分公司、所在地区、项目工程的环境特点，有针对性地制订新型冠状病毒肺炎的防护应急预案。

第五节　绿色施工

一、建筑工程绿色施工的概念、作用、特点

（一）概念

绿色施工是指在保证质量、安全等基本要求的前提下，通过科学管理和技术进步，最大限度地节约资源，减少对环境负面影响，实现"四节一环保"（节能、节材、节水、节地和环境保护）的建筑工程施工活动。

（二）作用

实行绿色施工有利于减少建筑施工阶段对生态环境的污染、破坏，大力推进绿色施工，可以减少建筑工程施工阶段对生态环境的负面影响。绿色施工是绿色建筑形成的过程，是其重要支撑，可提高资源利用率、保护环境、节约资源、有着更长远的环境效益，有利于改善、提高建筑全寿命周期的绿色性能。

建筑工程策划、规划设计严格按照绿色设计标准，其施工过程严格实施；同时，进行绿色、可持续的物业运行、管理。体现建筑在生命周期中的绿色、规划的可持续性，建筑工程施工与建筑建成后物业的绿色属性，建造可持续性建筑须大力推进绿色施工。

（三）特点

从宏观、整体方面而言，绿色施工、文明施工是节约模式在现场工地的传承与发展，在绿色施工中，管理与技术同样重要。

绿色施工的过程，从始至终把"四节一环保"作为整个施工组织、管理中的重点工作，从材料、机械设备、施工工艺、现场管理等多方面抓起，注重节约环保措施，优化施工方案。绿色施工，在保证工程质量、安全、进度、工期、成本的同时，注重减少施工活动对环境的负面影响。

二、主要方略

（一）发展情况

1993 年，美国佛罗里达大学可持续建造研究中心主任 Charles J. Kibert 教授首次提出了可持续施工的概念，即"在有效利用资源和遵守生态原则的基础上，创造了一个健康的施工环境，并进行维护"。其建议与理念受到重视，并得到发展中国家的认可，在许多国家开始实施。绿色施工或称可持续施工、清洁生产、环保施工，在部分发达国家率先制定了有关的法律政策，先后颁布了《绿色建筑技术手册设计、建造、运行》《绿色建筑设计和建造参考指导》等。2009 年 3 月，国际标准委起草专门用于商业建筑的《国际绿色施工标准》（IGCC），极大地促进了绿色施工在全世界的推广与发展。

我国绿色施工的起步始于 2008 年北京奥运场馆的施工建设，为全国绿色施工发展起到了带头作用，与此同时，建设部在 2006 年、2007 年颁布了《绿色建筑评价标准》《绿色建筑评价标识管理办法（试行）》。在 2005 年，建设部、科技部出台了《绿色建筑技术导则》，在 2007 年、2012 年分别出台了《绿色施工导则》《全国建筑业绿色施工示范工程申报与验收指南》，在 2014 年，住房和城乡建设部颁布《建筑工程绿色施工规范》，在 2010 年，住房和城乡建设部与国家质量监督检验检疫总局联合颁布《建筑工程绿色施工评价标准》，同年，住房和城乡建设部下发了包含绿色施工在内的《关于做好建筑业 10 项新技术（2010）推广应用的通知》，形成、建立了中国特色的绿色建筑发展评价与绿色施工基本政策的文件管理体系，将绿色施工作为获得"鲁班奖"的优选项目，各省区将绿色工程施工作为评选优良工程的条件之一，增加项目的含金量和知名度。

（二）方略

在建筑工程施工现场，要强化能源、资源的管理、控制，大力节约能源消耗，选用绿色、环保的施工工艺、手段、建筑机械设备，及时保修、保养设备，以减少能源的消耗；注重施工现场产生的污染，所产生的水、汽、声等污染都要经处理，如，废水要进行沉淀处理，达到施工技术要求的可循环利用标准；控制用水量，施工现场与水源地的控制距离，达到国家现行规范要求。

优先选用绿色环保的施工材料。从工程设计阶段开始，应根据国家现行的有关标准，选取绿色环保的建筑施工材料，在施工中，严格按照施工方案、图纸施工，从而确保所使用的材料符合国家标准，如用商品混凝土替代现场搅拌混凝土，有机溶剂做稀释剂，采用水溶性涂料等。

在绿色施工的过程中，在采用对环境污染低的建筑材料的同时，从绿色施工、绿色建筑管理的层面进行环保施工。对各过程、各环节进行有效控制，从基础工程开始，对泥浆进行控制，在施工全过程中采用成品泥浆；施工现场采用封闭作业、湿作业、清洁燃料，硬化施工现场道路，临时绿化施工现场的空闲土地，对施工现场的建筑材料进行有效苫盖，采用减少夜间施工量，优化施工机械设备等手段控制施工过程中的噪声；运用增加成品、半成品用量，材料加工工厂化等方式。

三、主要技术控制措施

以国际上先进的、适合我国国情的绿色建筑、绿色施工理念、案例、经验与我国颁布、出台的法律、法规、技术规范、标准、政策，成功的实践经验为指导，积极探索，不断创新；从新技术、新规范、新材料、节能、绿色、经济等方面入手，全面提高建筑工程从业人员绿色施工的能力、素质；强化绿色施工的培训教育，在确保工程质量、安全的前提下，切实提高、推进我国绿色施工的水平、普及程度，确保建筑工程施工成为国家的绿色经济。

绿色施工技术是从工程策划、组织与管理开始到工程竣工的全过程，主要包括基本规定、施工准备、施工场地、绿色施工地基与基础工作、绿色施工综合技术、装配式建筑绿色施工技术、超高层建筑绿色施工技术、BIM 在绿色施工技术中的应用、保温和防水工程技术、机电安装工程技术、拆除工程技术，还包括绿色施工管理技术，绿色施工管理制度与管理文件。

绿色施工主要涉及施工管理与环境保护，节材、材料资源利用与节水、水资源利用、节能、能源利用与节地、施工用地保护范畴。

施工管理包括组织、规划、实施、评价、管理、人员的安全、健康管理；环境保护包括噪声振动、光污染、扬尘、土壤保护、水污染、建筑垃圾控制、地下设施、文物资源的有效保护；节材、材料资源利用包括装修装饰、围护、周转、结构、材料，节材的有效手段；节水、水资源的利用包括用水效率的提高、用水安全、非传统水源的有效利用；节能能源利用包括节能的有效策略、手段，机械设备、机具，生产、生活、办公的临时设施，施工现场用电、照明；节地、施工用地包括临时用地保护的有效措施，施工总平面的有效布置，临时用地指标。

第六节　智慧工地

一、建筑工程施工智慧工地的概念、地位、作用及特点

（一）概念

建筑工程施工智慧工地是一种全新的施工现场监管控制标准模式，它以互联网＋物联网（大数据、云计算）等技术为基础，通过工地信息化、智能化建造技术的广泛应用与施工的精细操作和监管、控制，有效提高了施工现场的管理效能、决策能力，从而达到工地精细化、数字化、智慧化的管理。

（二）地位

智慧工地是建筑工业化，科技进步，信息化与大数据发展的产物，是"互联网"理念在建筑行业应用的具体体现，也是建设"智慧城市"的重要基础。智慧工地是通过安装在建筑工程施工工地现场的各种类型的监控摄像头、传感器，由工厂线缆把捕捉到的有用信息传输至中心机房数据服务器与应用服务器，构成有效的智能监控防范体系。

（三）作用

智慧工地的建设是顺应第四次工业革命的必然要求，是增强国家竞争实力的有效途径，是实现建筑产业可持续发展的必经之路。

智慧工地填补了在监管中传统技术和方法的缺陷，对于人员、机械、材料、环境、风险等情况，实现有效、主动监控，做到事前预警，常态化的检测全过程，规范的科学总结、归类，实现了更加安全、高效、精细化的建筑工程施工管控。

智慧工地主要是一种运用更加智慧的办法来提高工程各相关组织与岗位人员交互的手段，以达到提高准确性，更高效、灵活，响应速度更快捷的目的。智慧工地的建设开启了建筑工程行业发展的新时代。

智慧工地通过工地现场信息化、智能化建造技术的应用，可有效降低工程成本，在智慧工地中充分彰显了智慧安全的重要性，可大力全面提升建筑工程施工现场的安全管理水平与安全防线，从而有效形成互联网＋视频＋专家的监管模式。

（四）特点

大力发展建筑工程施工智慧工地，可全面提升建筑工程施工信息化水平，达到三维可视化的工地管理，实现智能建造。智慧工地具有功能强大、监管全面的特点，且操作简便，使施工现场的部署、维护、运行监控相统一，实现了集成管控、设备联动展现、管理协调、数据共享、互相连通以及智能终端设备上的项目

远程监控，使人与人、物与物、人与物互联，避免信息孤岛，可根据项目的具体情况、实际需要，统一、灵活调动人员，共享设备维护、购买、租赁等各种资源。

二、主要分类

根据各省（自治区、直辖市）、市、区、县建筑工程施工智慧工地的建设和发展情况，一些省（自治区、直辖市）、市、区，将智慧工地根据项目规模、范围、投资等具体情况，由高到低分为三星级、二星级、一星级。这种结合实际、因地制宜的发展模式，极大地促进了智慧工地在全国的推广及应用。

2018年8月，重庆市颁布了《智慧工地建设与评价标准》，本标准具有地域特色，为本地智慧工地的判定提供了依据。

三、智慧工地的组成

智慧工地的组成主要有建筑工程施工现场出入口人员识别系统、安全体验区、危险源监测（深基坑、高支模变形）、智能安全帽、远程视频监控、BIM技术的安全管理应用、隐患排查治理软件、工厂化配送、生物识别、无人机辅助等。

四、智慧工地的主要管理控制措施

建筑工程施工智慧工地建设是安全文明施工标准化的重要内容之一。施工项目现场的信息管理、视频监控、扬尘监控数据须进行及时采集并传输至工程项目部。

一般情况下，工程项目管理信息主要包括基础信息与施工安全管理信息等，基础信息是由参建各方主体、项目管理人员、基本情况、工程安全报监情况等组成。施工安全管理信息是由安全生产责任制、危大工程、教育培训、应急救援等基本管理文字部分，基坑工程、模架工程、吊装及拆卸工程、临时用电、安全防护系统、带班记录、安全日记等国家现行要求的管理文件。这些工程项目管理信息须准确、全面、到位、无误、及时。

施工项目部须按国家现行管理要求安装视频监控设备，并与现场安装的扬尘喷淋设备、噪声在线监测设备、智能塔机安全监控系统＋塔机吊钩可视化系统设备形成联动体系，设备与工程项目部实现对接。所有智慧工地用的设备须达到国家现行质量要求（有生产许可证、产品合格证、检验报告等两证一报告），具备对接联网功能，将项目信息、监控数据接入安全监管信息，并实时上传。做好智慧工地各设施、系统的日常维护，满足正常使用。

在起重吊装中，塔式起重机、施工升降机的识别设备（指纹、人脸）系统应能够识别出司机的身份并判断其是否具备相应资质。

如北方某省的施工现场对噪声、扬尘在线监测设备的要求：市区内建筑面积 4000m² 以上，市区以外建筑面积在 8000m² 以上，或施工周期大于 3 个月的建筑工地须安装噪声、扬尘在线监测设备；按建筑工程占地面积 20000m² 安装一台，每超过 10000m² 加装一台。

施工现场的视频文件在本地储存器保存不小于 30 天。

五、智慧工地的主要技术控制措施

智慧工地的主要关键技术：数据交换标准技术，须建立一个公开的信息交换标准；BIM 技术通过虚拟建模，在建筑物使用寿命期间可以对其进行运营维护管理、把握、判断，BIM 技术的空间定位、记录数据的能力；可视化技术、3S 技术（地理信息、全球定位、空间技术）；虚拟现实技术、数字化施工技术、云计算技术、信息管理平台技术、数据库技术、网络通信技术等。

这些技术的系统、标准须相互兼容、匹配，技术管理得当，方能发挥最大的使用功效。各系统、标准、技术管理知识的培训、实操训练须到位。

参考文献

[1]   中华人民共和国安全生产法
[2]   中华人民共和国建筑法
[3]   建设工程安全生产管理条例
[4]   生产安全事故报告和调查条例
[5]   建筑起重机械安全监督管理规定
[6]   危险性较大的分部分项工程安全管理规定
[7]   房屋建筑和市政基础设施工程施工安全监督规定
[8]   房屋建筑和市政基础设施工程施工安全监督工作规程
[9]   关于实施《危险性较大的分部分项工程安全管理规定》有关问题的通知
[10]   建筑施工安全检查标准 [S] . JGJ 59—2011.
[11]   施工企业安全生产评价标准 [S] . JGJ/T 77—2010.
[12]   建筑基坑工程技术规范 [S] . DBJ 04/T 306—2014.
[13]   建筑施工扣件式钢管脚手架安全技术规范 [S] . JGJ 130—2011.
[14]   建筑施工工具式脚手架安全技术规范 [S] . JGJ 202—2010.
[15]   建筑施工碗扣式钢管脚手架安全技术规范 [S] . JGJ 166—2016.
[16]   建筑施工门式钢管脚手架安全技术标准 [S] . JGJ/T 128—2019.
[17]   建筑施工承插型盘扣式钢管脚手架安全技术标准 [S] . JGJ 231—2021.
[18]   建筑施工模板安全技术规范 [S] . JGJ 162—2008.
[19]   建筑起重机械安全评估技术规程 [S] . JGJ/T 189—2009.
[20]   建筑施工升降机安装、使用、拆卸安全技术规程 [S] . JGJ 215—2010.
[21]   建筑施工起重吊装工程安全技术规范 [S] . JGJ 276—2012.
[22]   建筑施工塔式起重机安装、使用、拆卸安全技术规程 [S] . JGJ 196—2010.
[23]   塔式起重机安全规程 [S] . GB 5144—2006.
[24]   起重机械吊具与索具安全规程 [S] . LD 48—1993.
[25]   施工升降机安全规程 [S] . GB 10055—2007.
[26]   起重机 钢丝绳 保养、维护、检验和报废 [S] . GB/T 5972—2016.
[27]   塔式起重机 [S] . GB/T 5031—2019.
[28]   塔式起重机操作使用规程 [S] . JG/T 100—1999.
[29]   建筑与市政施工企业及项目安全生产标准化评价标准 [S] . DBJ 04/T 364—2018.
[30]   建设工程施工现场消防安全技术规范 [S] . GB 50720—2011.
[31]   建设工程施工现场环境与卫生标准 [S] . JGJ 146—2013.
[32]   建设工程施工现场供用电安全规范 [S] . GB 50194—2014.

［33］ 施工现场临时用电安全技术规范［S］. JGJ 46—2005.

［34］ 建筑工程绿色施工评价标准［S］. GB/T 50640—2010.

［35］ 建筑工程绿色施工规范［S］. GB/T 50905—2014.

［36］ 建筑施工安全技术统一规范［S］. GB 50870—2013.

［37］ 施工现场临时建筑物技术规范［S］. JGJ/T 188—2009.

［38］ 岩土工程勘察规范［S］. GB 50021—2001（2009 版）.

［39］ 建筑施工组织设计规范［S］. GB/T 50502—2009.

［40］ 刘慧然. 建设工程绿色施工及技术应用［M］. 南京：江苏科学技术出版社，2016.

［41］ 于群，杨春峰. 绿色建筑与绿色施工［M］. 北京：清华大学出版社，2017.

［42］ 建筑施工键插接式钢管支架安全技术规程［S］. DBJ04/T 329—2016.

［43］ 市政工程施工安全检查标准［S］. CJJ/T 275—2018.

［44］ 建筑施工易发事故防治安全标准［S］. JGJ/T 429—2018.

［45］ 建筑拆除工程安全技术规范［S］. JGJ 147—2016.

［46］ 装配式混凝土建筑技术标准［S］. GB/T 51231—2016.

［47］ 徐驰，庄二飞，苏京，等. 装配式建筑对绿色施工的影响［J］. 建筑安全，2018（8）：13-15.

［48］ 建筑施工安全检查标准［S］. JGJ 59—2011.

［49］ 建筑灭火器配置设计规范［S］. GB 50140—2005.

［50］ 建筑施工工具式脚手架安全技术规范［S］. JGJ 202—2010.

［51］ 液压爬升模板工程技术标准［S］. JGJ/T 195—2010.

［52］ 密闭空间作业职业危害防护规范［S］. GBZ/T 205—2007.

［53］ 河南省土木建筑学会. 建设工程安全理论与应用［M］. 北京：中国矿业大学出版社，2011.

［54］ 向韦明，雷华，秦永球. 建设工程施工与安全［M］. 北京：中国建筑工业出版社，2018.

［55］ 武明霞. 建筑安全技术与管理［M］. 北京：机械工业出版社，2011.

［56］ 智慧工地建设与评价标准［S］. DBJ50/T 356—2020.

［57］ 建筑施工企业生产安全事故隐患排查治理体系实施指南［Z］. DB37/T 3135—2018.

［58］ 建设工程安全文明施工标准化指导图册［Z］. 山西省住房和城乡建设厅，2021.

［59］ 建筑工程施工安全管理标准［S］. DBJ 04/T 253—2021.

［60］ 山西省建筑施工安全风险分级管控与隐患排查治理双重预防工作指南［Z］. 山西省住房和城乡建设厅，2020.

［61］ 风险管理 原则与实施指南［S］. GB 24353—2009.

［62］ 风险管理 风险评估技术［S］. GB/T 27921—2011.

［63］ 大型工程技术风险控制要点［M］. 北京：中国建材工业出版社，2018.

［64］ 建筑施工用附着式升降作业安全防护平台［S］. JG/T 546—2019.

［65］ 陆彬，丁小虎，袁金虎，等. 智慧安全在建筑施工中的应用——以某大型在建工程为例［J］. 建筑安全，2018（5）：14-17.

［66］ 建筑机械使用安全技术规程［S］. JGJ 33—2012.

［67］ 建筑施工起重吊装工程安全技术规范［S］. JGJ 276—2012.

［68］ 职业健康安全管理体系 要求及使用指南［S］. GB/T 45001—2020.

［69］ 文化部文物保护科研所. 中国古建筑修缮技术［M］. 北京：中国建筑工业出版社，1983.

跋

本书历经近 10 年的编写终于完成，即将付梓。如释重负，感慨颇深。

写一部建筑工程施工安全技术管理方面的书籍，这个想法由来已久。本人长期从事建筑设计、工程质量安全检测鉴定、加固补强、质量安全技术服务工作，并参加政府、行业组织的督查等技术工作，目睹施工现场存在的安全风险隐患，有的甚至处于临界状态，随即采取了反馈、处置，并剖析其原因，与专家、学者研讨、交流，将一些情况熟记于心，认真思考并进行专业学习。

事故的发生，使许多家庭失去亲人，给国家和人民的生命、财产造成了无法弥补的损失，这使我将建筑工程施工安全问题作为重要问题，并将之化为工作的动力。勤奋、努力每一天，时不我待，只争朝夕，在平常的工作、生活中充满梦想、情怀与使命感，也是幸福感、"存在感"所在。

从建筑工程施工安全技术管理的层面而言，怎样最大限度地遏制、减少事故的发生呢？一是须认真贯彻国家现行的建筑工程施工管理的政策、法律、法规、技术规范、标准；二是注重专项管理控制措施，对管理控制措施、技术控制措施、关键点、易发生错误点进行把握；三是新情况、新问题、薄弱环节的管理控制，如施工现场的消防、有限空间作业、复工管理与突发"疫情"管理等。尝试用更大格局、更宽视角来分析、研究问题，如从城市的整体规划，建设布局，绿化、湿地、城市通风道等的改变来探索城市建设中的环境污染问题，以及工地扬尘治理问题；四是对事故案例进行剖析、反思。

在本书的编撰过程中，放弃了许多节假日的休息，抓紧点滴时间进行写作，感恩家里亲人们的支持、关爱。虽占用了许多照顾老人的时间，但父母并没有责备我，反而鼓励我，"要将更多的精力用在对工作、专业的研究上，报效祖国"。妻子承担了更多的家务，儿子对本书进行文字校对，这些给了我无限的温暖与力量！

在编写本书的过程中，得到了各位领导、同事的支持与帮助，在此表示由衷的感谢！编写的过程也是学习的过程，查阅了许多资料，向一些专家、学者请教、咨询，使本人的学识有了一些进步，特别是建筑工程资深技术专家梁福中先生，张吉人先生，施工一线的学术带头人、正高级工程师李玉屏同志，高级工程师张庆林、单振山同志，起重吊装专家冯金龙先生等的鼎力帮助，在此表示由衷的感谢！向本书中引用资料的原作者表示由衷的感谢，向为本书的出版付出艰辛努力的中国建材工业出版社的编辑团队表示由衷的感谢！

本书是我工作、专业学术研究的一个总结，是建筑工程施工安全技术研究和探索的一个初步尝试，是"知识报国"的夙愿。将近四十年在专业技术方面的努力，辛勤耕耘的成果献给祖国民族复兴的伟大事业，献给我度过的日日夜夜！

本书的出版，倘若能起到一些研判、预防、警示、借鉴及启示作用，这将是我最为欣慰的，也是研究的初衷与目的所在。

由于学识水平与所掌握的资料有限，疏漏之处在所难免，希望各位专家和读者提出宝贵意见。

2022 年 5 月于太原